上海科技创新集聚区运营模式研究

崔晓露　著

上海人民出版社

序　言

　　《中华人民共和国国民经济和社会发展第十四个五年规划和2035年远景目标纲要》的第二篇"坚持创新驱动发展　全面塑造发展新优势"指出要"建设重大科技创新平台",提出要"支持北京、上海、粤港澳大湾区形成国际科技创新中心,建设北京怀柔、上海张江、大湾区、安徽合肥综合性国家科学中心,支持有条件的地方建设区域科技创新中心。强化国家自主创新示范区、高新技术产业开发区、经济技术开发区等创新功能。"

　　2019年11月,习近平总书记在上海考察时要求上海强化科技创新策源功能,努力成为科学规律的第一发现者、技术发明的第一创造者、创新产业的第一开拓者、创新理念的第一实践者。科技创新集聚区是上海提升科技创新策源能力的重要抓手,也是促进科技与经济更好结合的关键区域,在上海全球科创中心建设、科技创新发展和新兴产业布局中,都有着非常重要的角色定位。

　　随着数字经济和平台经济的快速发展,创新已成为经济发展的必要条件。在人类历史上，似乎创新经济不断演化的历史总是由爱迪生、乔布斯这些天才的颠覆性创新构成。然而，实际上创新并不能仅仅寄希望于天才与奇迹。创新需要投入一定的资源，但资源总是有限的。因此，在创新与资源之间、想法与执行之间始终存在着尖锐的矛盾，从而导致许多创新并未获得有效执行。若要让创新真正发挥推动作用，则需加强科技创新集聚区创新资源的运营管理，继而建立起持续创新的机制与文化。

科技创新集聚区的设立主要是为了汇聚创新要素，通过对创新资源的整合与共享，促进科创企业间的协同创新，增强知识溢出效应，降低企业创新风险，提升科技创新效率，激发区域创新活力。而运营模式正是保证科技创新集聚区充分发挥作用的关键，因为只有将创新纳入有效的运营管理规划中，遵循明确的指导原则和方法论，进行持续不断的系统化创新，才能长久地保持园区及企业的竞争优势。而这正是本书想要探讨的核心，即"科技创新集聚区的运营模式"。

本书旨在通过对上海全球科创中心建设中科技创新集聚区运营模式的研究，完善上海全球科创中心建设的优势与特色；通过对国内外科技创新集聚区运营模式的案例分析和比较研究，深入探讨和挖掘上海科创中心建设之路中科技创新集聚区运营的"上海模式"，探讨上海科技创新集聚区运营模式的优势与短板，提出针对性的对策建议，为上海科技创新集聚区今后的和谐发展，为中国自主创新发展战略的实施提供参考意见。

目　录

序　言 /1

第一章　科技创新集聚区运营模式的基本特征 /1

第一节　科技创新集聚区运营模式相关研究综述 /1

一、科技创新集聚区创新网络相关研究 /1

二、科技创新集聚区知识溢出机制相关研究 /6

三、科技创新集聚区运营模式相关研究 /10

四、综述 /19

第二节　科技创新集聚区运营模式的发展特征 /20

一、科技创新集聚区的发展历程与功能演化路径 /20

二、科技创新集聚区创新系统的基本构成 /24

三、线性创新模式、中心创新模式与网络创新模式 /33

四、科技创新集聚区创新网络的基本特征 /40

第二章　国内外科技创新集聚区运营模式发展特征的比较研究 /44

第一节　国际科技创新集聚区运营模式的发展特征 /44

一、国际科技创新集聚区运营模式的发展趋势 /44

二、国际科技创新集聚区运营模式的典型案例 /52

第二节　中国科技创新集聚区运营模式的发展特征 /75

一、中国科技创新集聚区各发展阶段的运营模式 /75

二、中国科技创新集聚区运营模式的发展趋势 /81

三、硅巷：科技创新集聚区运营模式的新探索 /86

第三章　上海科技创新集聚区运营模式的发展特征 /89

第一节　上海科技创新集聚区发展实践 /89

一、深化改革释放科研机构转化动能 /90

二、发挥功能型平台集成效应加速技术转移转化 /93

三、建设创新创业集聚区、科技成果转移转化示范区 /97

四、以需求为导向激发科技企业创新活力 /99

五、区域协同打造成果转化共同体 /102

六、推进"双向"国际技术转移合作 /106

第二节　上海科技创新集聚区运营模式的典型案例 /108

一、张江模式 /108

二、杨浦模式：大学校区、科技园区、创新城区的联动发展 /120

第三节　上海科技创新集聚区的运营经验 /125

　　一、高校院所的创新机制运营探索 /125

　　二、大企业和园区的开放式创新运营探索 /129

　　三、市场化机构打造的特色专业化服务模式 /132

　　四、新模式、新载体驱动的跨境技术交易 /135

第四章　上海科技创新集聚区运营的瓶颈问题 /139

第一节　营商环境有待改进 /139

　　一、不同规模民营科技型企业对营商环境的关注点 /139

　　二、上海民营科技型企业认为政务服务中需要改进的

　　　　方面 /144

第二节　企业经营负担较重 /149

　　一、成本瓶颈亟须突破 /149

　　二、税费减免尚有空间 /150

　　三、中介机构和垄断性项目收费依然偏高 /151

第三节　企业融资环境有待改善 /152

　　一、政府的纾困措施对于解决企业融资问题的作用有限 /152

　　二、金融资本在科创领域开始呈现头部效应 /153

　　三、风险投资是上海高成长性民营科创企业的融资环境短

　　　　板 /156

第四节　上海的人才优势面临挑战 /160

一、以住房问题为代表的综合生活成本较高 /162

二、相关人才政策宣传和落实有待加强 /162

三、限制科技创新人才发展的制度性瓶颈亟待突破 /163

第五章　促进上海科技创新集聚区功能提升的政策建议 /166

第一节　探索四螺旋运营模式，营造智慧园区 /166

第二节　培育、引进孵化专家，打造科技企业加速器 /170

第三节　培育自主可控的创新生态系统和技术转移体系 /175

一、美国技术转移体系建设的经验 /175

二、意大利技术转移体系建设的经验 /177

三、德国技术转移体系建设的经验 /180

四、建设技术转移体系的对策建议 /181

第六章　结　论 /183

一、研究结论 /183

二、研究启示与展望 /185

参考文献 /187

后　记 /195

第一章 科技创新集聚区运营模式的基本特征

第一节 科技创新集聚区运营模式相关研究综述

一、科技创新集聚区创新网络相关研究

如今，世界各国纷纷将科技创新作为提升其经济实力和综合竞争力的战略选择，发展中国家更是将其作为实现自我突破与跨越的关键途径。随着经济发展及全球化竞争加剧，国家间的竞争逐渐以科技实力竞争为主，各国的自主创新能力成为核心竞争力。为了应对国际经济环境及国内经济形势的变化，中国政府非常重视自主创新能力的发展，通过国家发展战略给予大量支持。

在这种大背景下，自20世纪80年代起，中国陆续建立了众多

国家级经济技术开发区、高新技术产业开发区、自主创新示范区等各类科技创新集聚区。这些科技创新集聚区设立的主要目的是作为科技创新的孵化器和辐射源，在引进先进外来技术的同时，积极发展中国的高新技术产业，促进中国的高新技术成果商品化及产业化，通过高新技术向传统产业的扩散及渗透优化中国的产业结构，从而提高中国的自主创新能力，并推动国民经济骨干产业的科技发展。

由表1.1可见，科技创新集聚区是专门引进和培育高新技术产业、转移技术、促进科技创新的特殊区域。较为单一的职能特性使它与其他类型的开发区相比呈现出不同的运营模式和特点，其中包括：

（1）科技创新集聚区的选址不同于经济特区和保税区，区位优势不在于是否地处沿海，而在于需要依靠技术实力较强、产业基础雄厚、人才密集的城市或地区，如北京中关村高新区、上海张江高新区等。

（2）科技创新集聚区属所在市政府管辖，并且在产业发展上服从国家产业政策及所在城市的产业结构调整方向。

（3）科技创新集聚区的发展不仅仅依赖资金投入、技术引进、往往还需要当地大学、研究所等科研机构的协助来构建科技型企业间的创新网络。

（4）科技创新集聚区的政策优惠对象不仅仅是外资企业，还包括从事高新技术产品研发、生产的本土企业，政策优惠不但具有区域导向性，还有明显的产业导向性。

第一章　科技创新集聚区运营模式的基本特征

科技创新集聚区运营模式的研究基于区域创新网络的研究。20世纪80年代末，随着国家创新系统理论的发展，区域创新网络研究开始兴起。随着创新研究从线性模型发展为非线性模型，理论研究上也更加强调企业和创新环境间的动态性互动过程（Dosi，1988；Malecki，1997），研究热点从国家创新系统逐渐转移至区域创新网络（Cooke，1998），区域成为真正意义上的经济利益体，于是在区域发展理论和国家创新系统理论基础上出现了区域创新网络理论。

表 1.1　中国国家级开发区的类型和功能定位

类　型	设立时间	功能定位
经济特区	1980 年后	"窗口"：技术的窗口；管理的窗口；知识的窗口；对外政策的窗口。
经济技术开发区	1984 年后	"三为主、一致力"：工业为主；引进外资为主；出口为主；致力发展高新技术产业。
高新技术产业开发区	1988 年后	发展高新技术产业的基地；科技与经济密切结合，加速科技成果转化、强化技术创新的基地；对外开放的窗口；深化改革的实验区；用高新技术改造传统产业的辐射源；培育和造就高新技术企业和企业家的学校；体现社会主义精神文明的新城区。
保税区	1990 年后	转口贸易；出口加工；保税仓储。
边境经济合作区	1992 年后	依托资源、地缘、政策优势，实施开放开发；以经济合作、旅游为先导，以出口加工为重点，促进边境地区社会经济发展。
旅游度假区	1992 年后	开发利用旅游资源；加快旅游业发展；实现观光型向观光度假型转变。
出口加工区	2000 年后	对加工贸易实现"优化存量、控制增量、规范管理、提高水平"的"圈养式"管理。
综合配套改革试验区	2005 年后	以制度创新为主要动力，以全方位改革试点为主要特征，对全国社会经济发展带来深远影响的试验区。

类 型	设立时间	功能定位
自主创新示范区	2009 年后	在推进自主创新和高技术产业发展方面先行先试、探索经验、做出示范的区域。在进一步完善科技创新的体制机制、加快发展战略性新兴产业、推进创新驱动发展、加快转变经济发展方式等方面发挥重要的引领、辐射、带动作用。
金融改革试验区	2012 年后	开展金融综合改革，切实解决经济发展存在的突出问题，引导民间融资规范发展，提升金融服务实体经济的能力。
自由贸易试验区	2013 年后	在贸易和投资等方面比世贸组织有关规定更加优惠的贸易安排；在主权国家或地区的关境以外，划出特定的区域，准许外国商品豁免关税自由进出。

关于创新网络至今没有统一的定义，不同学者对区域创新网络的定义由于范围的不同而有所不同。首次提出创新网络概念的是弗里曼（Freeman，1991），他认为创新网络是"包含了非正式和隐性特征的联系处理系统创新的制度安排"。沃尔夫和格特勒（Wolfe、Gertler，2004）通过对加拿大 26 个区域创新集群的案例分析，总结出区域创新网络发展中的五大关键性要素，即 Learning、Labor、Leadership、Legislation and Lab、Location。Rick Aalbers（2013）则更加细致地探讨了创新网络中员工是如何与企业共享创新网络的，创新网络中的知识是如何转移到企业乃至员工个体的，通过实证分析两大欧洲企业，发现创新网络中的企业员工可以得到更完整的知识转移。

自 20 世纪 90 年代末区域创新网络传入中国后，中国学者也就此进行了多方面的研究。仇保兴（1999）是中国最早一批对企业集群的技术创新进行理论及实证研究的学者之一，其研究主要是就传统产业小企业创新能力与企业集群的关系进行探讨。胡志坚（2000）把产业集群置于国家创新体系之中，分析产业集群与企业技术创新之间的联系，探讨不同类型的产业集群及其创新模式。蔡铂、聂鸣（2003）探讨了创新网络对产业集群技术创新能力和企业创新活动的影响。

科技创新集聚区的创新网络"是指地方行为主体（企业、大学、科研院所、地方政府等组织及其个人）之间在长期正式或非正式的合作与交流关系的基础上所形成的相对稳定的系统"（盖文启、王缉慈，1999）。根据中国城市开发区发展实践，开发区与城市空间结构的演进可以分为三种类型：双核式、连片带状、多极触角式（张晓平、刘卫东，2003）。创新资源、创新结构、管理系统以及中介服务系统四大组成部分通过相互关联与协调共同构成科技创新集聚区的区域创新网络（谭清美，2002）。科技创新集聚区内的创新合作网络由上、下游企业之间的垂直型创新合作网络，竞争企业之间及企业和高校、科研机构之间的水平型创新合作网络，企业与中介服务机构之间的辅助型创新合作网络共同构成，并且三个子创新网络缺一不可（王琳、曾刚，2006）。王缉慈（2001）认为科技创新集聚区可以通过其内部创新网络不断保持其竞争优势，而区域内的企业可以通过创新网络内的知识流动和扩散获得外部规模经济。盖文启（2002）通过对区域创新网络的全面系统研究，不仅总结了科技创新集聚区创新网络的基本特征，探讨了各行为主体在网络创新中的活动与作用，并对中关村的创新网络进行了实证分析，认为区域创新网络对于区域经济的发展具有至关重要的作用，有利于要素以及新知识、新技术的扩散与传播。陈莉平、黄海云（2007）认为，科技创新集聚区创新网络的发展能够促进区域创新能力的提升，从而提高区域劳动力生产水平。

二、科技创新集聚区知识溢出机制相关研究

知识溢出是研究某区域企业集群活动对周边或者更大区域创新能力影响的重要因素，区域创新网络内部的知识流动通过知识溢出来实现。要分析科技创新集聚区企业集群的创新机制就要涉及知识溢出。知识溢出一般是指各行为主体间正式或非正式交流、互动过程中发生的空间范围内知识传播过程。知识包括显性知识和隐性知识，前者一般以专利、技术或文字等形式存在，可以记录、保存，在较大的范围内进行传播；后者则难以记录或编码化，只能通过特定区域范围内的面对面接触、直接的互动交流等形式来传播。不同类型的知识通过不同的途径在个体、区域之间的互动过程中发生溢出，包括基于人才流动、研发合作、贸易投资等的知识溢出机制。

现有的研究普遍认为，知识溢出与创新的空间分布是相互作用的。不同类型企业的集聚其知识溢出形态不同，但总体来说，企业的空间集聚会有效增加知识溢出，知识溢出具有明显的地理局域性特征，知识的空间溢出随着距离的增加而对创新的影响减弱，其对邻近区域的影响边界有一定的范围。知识溢出尤其是隐性知识的溢

出，促使企业集聚，因为空间邻近性提高了企业交换隐性知识和创新思想的可能性，通过交流与相关信息的获得也降低了企业的创新成本和其创新活动的不确定性。同时，创新企业的空间集聚也对知识溢出产生影响，促进了集群创新网络的形成与发展，增加了区域的创新产出。其中，认知邻近和组织邻近对显性和隐性知识的溢出都有显著的正向作用；地理邻近则主要通过隐性知识的溢出影响企业的创新绩效，其对显性知识溢出的影响不显著。

（一）专业化溢出与多样化溢出

知识溢出可分为同产业间的专业化溢出和不同产业间的多样化溢出，学术界关于这两者在区域创新中的重要性存在争论。以 MAR 为代表的研究认为同产业间的知识溢出更有利于区域创新；而以 Jacobs 为代表的研究则认为不同产业间的多样化溢出更有利于创新产出。针对 MAR 溢出和 Jacobs 溢出的争论，许多学者进行了实证研究，但由于选取的指标、样本以及选取年限的不同，研究存在很大的争议，至今也没有统一的结论。其实，专业化溢出和多样化溢出的重要性依据产业类型、发展阶段、技术特点及区域范围的不同而不同。亨德森（Henderson，2003）通过对美国高新技术产业的研究发现专业化溢出比多样化溢出更为显著，即处于发展阶段的新兴产业部门更需要多样化溢出，而专业化溢出对于成熟阶段的产业尤其是高新技术产业更为重要。

（二）科技创新集聚区的知识溢出

近几年来，科技创新集聚区的知识溢出机制逐渐成为研究热点。

由于高新技术产业比传统产业涉及更多隐性知识，科技创新集聚区内部的知识流动通过基于人才流动、研发合作、贸易投资等知识溢出机制来实现，因而区域内部知识溢出的局域性特征更为明显（吴玉鸣，2007）。知识溢出在科技创新集聚区中的作用可从三个方面进行归纳：

一是知识溢出对科技创新集聚区的创新活动有很强的正效应，知识溢出对科技创新集聚区内部企业自主创新能力和竞争力的提升有着明显的促进作用（张二震、戴翔，2017），企业对知识溢出的吸收能力是其距离知识源距离的函数（Audretsch，1996）。由于高新技术产业比传统产业涉及更多隐性知识，因而其知识溢出的局域特征更为明显。知识密集型产业（如半导体、医药、软件业、计算机等）的知识溢出对科技创新集聚区创新活动的影响更为显著，这些产业的企业较一般产业而言具有更强的集聚倾向，因为集群内部企业较集群外部企业可以更低成本地获取集群内部的知识溢出（Feldman，2000）。唐纳德和西格尔（Donald S.，Siegel，2003）通过对英国园区内外企业绩效的比较研究发现，大学科技园确实具有技术溢出效应，园区内部的企业比园区外部的企业具有更高的研发效率和生产率。伯德（Bode，2004）通过对德国的实证分析，发现知识溢出对区域创新有明显的促进作用，但其作用范围有限，主要是对其邻近区域贡献明显。龙志和、张馨之（2007）通过实证分析发现，知识溢出在较小的空间范围内更为明显，并随着距离的增加而减弱；在中国，知识溢出对区域创新的影响在地级空间尺度上非常显著，在省级空间尺度上则不显著。有学者（Chih-Hai Yang、Kazuyuki Motohashi，2008）通过测算台湾新竹科学工业园区内外共 247 家企业 1998—2003 年的 R&D 生产率，发现位于科技园区内的高新技术企业的 R&D 的产出弹性高于区外企业，即同样的 R&D 投资，科技创新集聚区内的高新技术企业产出效率更高，科技创新集聚区作为企业和科研机构交流合作的良好平台，有利于高新技术企业的知识积累。

二是科技创新集聚区有利于要素以及新知识、新技术的扩散与传播。科技创新集聚区创新网络内部各成员的研发创新活动通过其成员间正式或非正式的互动学习产生知识溢出效应（王子龙、谭清美，2004）。佩里（Peri，2005）对北美和欧洲 113 个区域 1975—1996 年的数据分析发现，知识溢出对创新活动有很强的正效应。卡萨和尼科里尼（Cassar and Nicolini，2008）认为高新技术产业部门的创新绩效不仅与其自主创新能力有关，还与其邻近区域的研发投资溢出有关。邻近区域间的局域化技术溢出效应不仅能提高区域创新的成功率，并且对彼此的经济增长都有促进作用（陈耀，2017）。利姆（Lim，2003）基于 1990—1999 年美国都市区专利数据的空间计量研究更加全面地分析了知识溢出对区域创新的作用机制，发现创新行为的空间集中度比经济行为更高，多高度集中于都市区内某些区域，而在跨都市区边界地区存在知识溢出。

三是科技创新集聚区自身知识存量和吸收能力决定了其对知识溢出的吸收效率，只有在其拥有大量知识的前提下，才能理解、吸收、利用外部知识并将其融合转化为自身可应用的知识（Agrawal，2002）。魏江（2003）认为供应商、竞争者、用户和公共部门四者之间通过知识溢出形成的创新网络，不仅可以应对技术和市场的不确定性，还有利于增加创新产出。其形成的创新网络包括核心网络、辅助网络和外围网络，而核心网络中又包括水平网络和垂直网络，它们在这个创新网络中的功能各不相同并且互补。多样性的创新网络成员、开放性的网络和网络主体间的互动对创新能力有积极促进作用，并且随着时间的推移其网络影响力有增强的趋势（郑江淮、高彦彦、胡小文，2008）；反之，封闭的网络则会降低创新的积极性（Capaldo，2007）。

三、科技创新集聚区运营模式相关研究

（一）科技创新集聚区

科技创新集聚区的设立主要是为了汇聚创新要素，通过对创新资源的整合与共享促进科创型企业间的协同创新，增强知识溢出效应，降低企业创新风险，提升科技创新效率，激发区域创新活力。为了更好地促进科技创新集聚区的知识溢出，学术界围绕着科技创新集聚区运营系统的构成要素、协同创新主体、协同创新平台、协同创新的影响因素以及运营模式等多方面开展了相关研究。

波特（Porter，1998）认为相关企业及支撑性机构的地理集聚有利于企业从互补性活动中获取信息、专业劳动力、技术等关键性投入，促进其创新活动从而提升其所处区域的生产率。摩根

（Morgan，1997）认为"第三意大利"高新区的创新动力来自园区内企业家的创新能力及创新精神，即柔性专业化。科技创新集聚区不仅具备本地制度、文化的根植性，同时还拥有具备柔性专业化的劳动力市场网络和企业网络。刘友金（2002）通过动态循环累进的自组织模型的构造，认为集群式创新具有五阶段，分别为交流、竞争、合作、分享与评价，其创新优势主要包括创新资源集聚、知识溢出、扩散效应、拉拔效应和根植性五个方面，并由此导致集群创新过程中交易费用节约、价值链共享、资产互补、知识外部性和规模经济。日本学者 Nobuya Fukugawa（2006）通过对日本高新区内外企业的比较研究发现，园区内部的企业比园区外部的企业更愿意也更有可能与大学科研机构建立合作研究的关系。

随着中国科技创新集聚区的高速发展，国外学者开始关注中国科技创新集聚区的研究。苏珊（Susan，2002）通过对上海、西安、苏州等地高新区的分析，研究中国高新区的功能发展阶段。布朗（Brown，2005）比较了政府政策、创新网络在北京中关村高新技术产业开发区和英国剑桥科技园发展过程中的作用和绩效。

近些年来，国内学者关于中国科技创新集聚区的相关研究也逐渐增多。张艳（2008）基于政策视角对中国国家级开发区的实践及转型进行了研究，对开发区的建设、运行特征进行了分析和归纳，认为中国的经济技术开发区和高新技术产业开发区在实际发展中具有趋同性，主张构建专业化园区研发孵化发展格局。张克俊（2010）基于产业集群、创新体系、高新区"三位一体"（C-I-H）的耦合互动理论，以成都高新区为例探讨科技创新集聚区提高自主创新能力、建设创新性园区的实现路径。

自主创新示范区是与中国科技创新集聚区发展现状紧密联系的中国特色概念，自 2009 年被提出便成为国内理论界关注的焦点，随着示范区区域辐射带动作用的增强，其科技增长极的极化和扩散效用受到关注。国内学者关于示范区的研究，多为构成要素、创新网络、运行机制等宏观性框架探讨。傅首清（2010）将区域创新网络和产业生态环境的良性互动视为示范区取得成功的关键，认为前者的完善推动了后者的提高，后者的发展促进了前者的成熟。熊曦（2016）运用"要素—结构—功能"的分析范式对中国 10 个国家自主创新示范区进行了创新能力评价研究，认为提升示范区的自主创新能力需要加大其科技创新的投入力度、优化示范区产业结构、促进示范区的功能效应发挥。

（二）科技创新集聚区运营模式

运营模式是保证科技创新集聚区充分发挥作用的重要关键。随着区域创新这一概念在全球范围的快速扩散，国内外学者从不同角度对科技创新集聚区运营模式进行了理论分析和实证研究，随着创新研究从线性模型发展为非线性模型，理论研究上也更加强调企业和创新环境间的动态性互动过程，学术界普遍认为科技创新集聚区的运营模式是政府、大学科研机构和企业相互影响的结果。菲利普斯等学者（Phillips、Yeung，2003）通过对新加坡高新区的研究，认为科技创新集聚区仅仅提供良好的基础设施是不够的，有效的制度、特色的发展战略、企业参与园区创新网络的程度都是影响科技创新集聚区自主创新能力的重要因素。任胜钢、关涛（2006）认为科技创新集聚区的创新模式有线型创新、链型创新和网络型创新，科技创新集聚区的创新网络不仅包括经济层面还包括社会层面，创新网络内部各主体间的相互作用是促进创新的重要机制。

　　近些年来，作为开放式创新主要形式的协同创新，已成为科技创新集聚区产业及企业生存与发展的重要运营模式和源动力。陈晓红和解海涛（2006）构建了基于"四主体动态模型"的中小企业协同创新体系。构建科技创新集聚区的创新协同体系，更重要的是各创新要素之间的协同互动关系（蒋兴华等，2008）。李玉琼和朱秀英（2007）用企业生态系统理论对丰田汽车生态系统协同创新共赢模式进行实证分析。郑刚等（2008）认为技术创新过程中，技术、战略、组织、文化、制度、市场各关键要素间的协同机制很重要。唐丽艳等（2009）构建科技型中小企业与科技中介协同创新网络模型。吴悦和顾新（2012）构建产学研协同创新的知识协同过程模型，并建立影响因素作用的框架模型。何郁冰（2012）提出"战略—知识—组织"三重互动的产学研协同创新模式。彼得鲁泽利（Petruzzelli，2011）指出，产学研合作各方技术互补和融合是以共享的技术经验和知识库为基础，互补和融合不仅包括创新新产品和新服务时使用的工具和设备，也包括技术和知识。

　　关于科技创新集聚区运营模式的文献虽然很多，但观点比较一致，都认为应当根据不同的科技创新集聚区类型明确其功能定位，从而选择适合的运营模式。韩国学者 Eom 和 Lee（2010）分析了韩国协同创新对创新绩效的影响，发现协同创新模式的选择需要与产业或企业技术发展阶段相匹配。罗珊（2009）认为，要明确创新平台的定位与分工，从上游基础研究到中游应用研究再到下游技术开发与成果产业化之间应有清晰的承接转换，形成网络式结构，进一步整合资源。

（三）数字经济超越了传统运营理论的边界

随着云计算、大数据、物联网、人工智能、区块链和移动互联网等信息技术的迅速发展与广泛普及，全球经济正加速向以信息网络为重要载体的数字经济进行转变（毕凯军、张志昂，2018）。数字经济是以持续信息化驱动的经济，是随着信息技术革命发展而产生的一种新的经济形态。数字经济概念是信息经济概念的发展与延伸，美国经济学家弗里茨·马克卢普（1962）在《美国的知识生产和分配》中提出"向市场提供信息产品或服务的那些企业"是一类重要的经济部门，并较早地意识到信息产品与服务在经济社会中的特殊性，还建立了一套以知识产业范畴界定为基础的信息经济测度体系。根据是否直接向市场提供信息商品或服务，马克·波拉特（1977）将信息产业划分为第一信息部门（向市场提供信息产品或服务的企业）和第二信息部门（融合信息产品和服务的其他经济部门）。此时，信息经济的内涵开始超越技术层面的认知，尤其第二信息部门的提出为日后信息经济内涵的拓展提供了新的思路，但该划分方法仍以服务于信息产业的测度为目标，未对信息经济的本质作出阐释。

1996 年塔普斯科特（Tapscott）提出数字经济这一概念。随着互联网的全球化发展，数字技术与网络技术相互融合并在其他经济部门渗透应用，使得数字经济在经济社会活动中的地位越发突出，数字经济的概念内涵也越发丰富。梅森伯格（Mesenbourg，2001）认为数字经济包括电子商务基础设施（硬件、软件、网络、服务）、电子业务（以计算机作为媒介的商务活动）和电子商务（基于计算机网络进行的产品和服务交易）三个部分。这种划分方式着眼于数字经济的测量，着重突出计算机在数字经济中的重要地位，但经济合作与发展组织（OECD）认为这种划分方式并不是全部的数字经济。米勒和威尔斯登（Miller and Wilsdon et al.，2001）认为数字经济是一场基于因特网的具有丰富创新内涵的技术革命，是一种驱动新经济的动力，运用数字化技术能够减少经济活动对环境的影响，也能够加强社区合作和社会联系。这种理解方式突破了以往多从信息技术和电子商务角度理解数字经济的局限性，更契合于数字经济的现代化内涵。田丽（2017）对世界各国数字经济的概念进行了比较总结，将各国对数字经济的理解侧重点划分为经济活动、数字经济测量、经济产出、社会进程四个方面。

结合数字经济的概念内涵及演变历程，可将数字经济的内涵要义归纳为以下三个方面：

（1）数字经济是一种以信息技术为主导的技术经济范式。数字经济的本质是以大数据、云计算、物联网等数字新技术引领经济的数字化转型（陈晓红，2018）。数字经济依赖新一代数字技术支撑的

"智能信息基础设施"，其中代表性的数字化技术包括人工智能、区块链、云计算和大数据，一般称为数字技术的 ABCD（AI，Blockchain，Cloud computing，big Data）。数字信息技术催生新产品、新业态和新模式，其应用打破了时空界限，降低了实施创新的技术、资源和投资门槛。传统创新过程中，在生产物理性、有形产品时需要大量生产资源的投入以取得规模经济效应，而部分数字化产品具有典型的可再现性特征，能够进行无边际成本地再生产（Benkler，2006）。数字技术在层次模块化基础上形成的自生长性特征，带来数字经济时代突出的数据驱动产品适应性创新逻辑（肖静华，2020）。

（2）数字经济的核心内涵在于信息技术在实体经济中的应用赋能。新的技术发展带来新的需求逻辑（需求侧）和新的产品逻辑（供给侧），进一步催生新的商业逻辑。数字化意味着对产品开发的物理性影响（如技术研发过程的数字化），也会给产品生产、使用和消费过程带来社会性影响（Tilson，2010）。数字经济在相当程度上改变了现有产品和服务的创新模式，从边界清晰、形态固化的模块化垂直整合向功能易扩展、互补多元的平台化个性定制转变。同时，产品与服务创新模式的变化进一步带来数字经济中组织方式的变革。数字技术的不断进步和广泛使用降低了组织间的交流成本，提升了组织沟通的速度和效率，扩大了组织交流的范围，特别是促进了异质性创新参与者之间的合作和协调。从生产组织方式来看，数字经济影响创新网络组织的连接、沟通、控制范围和合作成本，创新过程从组织内部向跨企业边界和创新网络边缘推动，向更加开放甚至开源的众包创新模式转变，形成基于数字化平台和以需求为导向的新型竞合组织模式。

（3）数字经济是一种经济社会形态。数字经济是继农业经济、工业经济之后一种更高级的经济社会形态。在复杂社会经济活动中，局部资源配置的低效与潜在整体资源配置高效之间的内在矛盾，要求以信息技术这一活跃要素来推动经济发展新形态的涌现（张鹏，2019）。在数字经济这一经济社会形态下，数据成为新的核心生产要素，数据信息及其传送这一技术手段成为决定生产率高低的关键，也成为先进生产力的代表（裴长洪等，2018），数字化的知识、信息和数字新技术应用成为经济社会形态向高级动态演变的重要推动力。数字新技术不仅能提高信息传递效率和全要素生产率，还能基于自身基础性与外溢性特征开辟新的经济增长空间，引发经济活动发生新的变革，进而改变人们的生产与生活方式。数字技术驱动的数字创新可以对经济社会各领域发展带来全方位、深层次的影响，并进一步重构世界技术创新版图，重塑全球经济发展结构。

2016年《G20数字经济发展与合作倡议》对数字经济的定义便是将数字经济视为一种经济活动，尤其强调信息网络与通信技术对效率提升和经济结构优化的推动作用。而中国信息通信研究院对于数字经济的数字产业化和产业数字化划分方法，实际上可看作是对马克·波拉特两信息部门概念的延伸。中国信息通信研究院指出："数字经济是以数字化的知识和信息作为关键生产要素，以数字技术为核心驱动力，以现代信息网络为重要载体，通过数字技术与实体经济深度融合，不断提高数字化、网络化、智能化水平，加速重构经济发展与治理模式的新型经济形态。"

新一代信息技术新产品、新服务的发展以及数字技术与其他产业的深度融合，超越了传统运营理论的边界，不断增加的组织流程和产品的数字化对理解层出不穷的技术创新模式提出了新的挑战。新兴数字技术的快速普及，正在迅速改变产品与服务形态、企业组织形式以及产业结构，同时企业组织的经营、合作、竞争模式也正在发生深刻变化：

一是数字创新在相当程度上改变了现有产品和服务的创新模式，从边界清晰、形态固化的模块化垂直整合向功能易扩展、互补多元的平台化个性定制转变（刘洋等，2020）。

二是产品与服务创新模式的变化进一步带来数字创新中组织方式的变革。数字技术的不断进步和广泛使用降低了组织间的交流成本，提升了组织沟通的速度和效率，扩大了组织交流的范围，特别是促进了异质性创新参与者之间的合作和协调（邢小强等，2019）。从生产组织方式来看，数字创新影响创新网络组织的连接、沟通、控制范围和合作成本，创新过程从组织内部向跨企业边界和创新网络边缘推动，向更加开放甚至开源的众包创新模式转变，形成基于数字化平台和以需求为导向的新型竞合组织模式。

数字经济时代，数字技术有助于构建突破时空限制的知识共享平台、创新协作平台（如通用电气和宝洁等企业基于互联网创新平台建立的创意平台，协助企业快速、高效地发现新产品需求和解决方法）等。通过对新兴技术、创新知识和数字组件的集成有效利用，可以极大提高资源的使用效率、创新过程的可控性和创新流程的连通性等（余江等，2017）。但是，对于面临数字化转型的传统组织来说，往往存在传统体制机制的限制，例如有些管理部门缺乏转型意愿，核心业务部门跨部门的数字化实践协作中存在挑战等。同时，转型的设计思路、切入环节与路径选择也是传统组织实现有效数字化转型的关键。

四、综述

综上所述，为了更好地促进科技创新集聚区的知识溢出，国内外学者从不同的研究角度、运用不同的方法探讨了科技创新集聚区的运营模式，学术界围绕科技创新集聚区的创新网络、知识溢出机制、运营系统的构成要素、协同创新主体、协同创新平台、协同创新的影响因素以及运营模式等多方面开展了相关研究。虽然在某些方面学者所持观点有所差异，但在大方向上学术界形成了以下共识：

第一，科技创新集聚区的创新网络具有地域性、邻近性、网络性、多元性和政策性五大特点。

第二，科技创新集聚区的知识溢出有三大特点：一是知识溢出对科技创新集聚区的创新活动有很强的正效应，知识溢出对科技创新集聚区内部企业自主创新能力和竞争力的提升有着明显的促进作用；二是科技创新集聚区有利于要素以及新知识、新技术的扩散与传播；三是科技创新集聚区自身知识存量和吸收能力决定其对知识溢出的吸收效率。

第三，科技创新集聚区的创新模式有线型创新、链型创新和网络创新，创新网络不仅包括经济层面还包括社会层面，创新网络内部各主体间的相互作用是促进创新的重要机制。应当根据不同的科技创新集聚区类型明确其功能定位，选择适合的运营模式。从上游基础研究到中游应用研究再到下游技术开发与成果产业化之间应有清晰的承接转换，形成网络式结构，进一步优化创新资源。

第四，数字经济超越了传统运营理论的边界，传统运营模式亟须数字化转型。

第二节　科技创新集聚区运营模式的发展特征

一、科技创新集聚区的发展历程与功能演化路径

科技创新集聚区与一般经济开发区不同，有其特殊的演化路径。如图1.1所示，初期中小企业被科技创新集聚区的优惠政策吸引在区域内集中，地理上具有邻近性，但仅仅靠园区将这些中小企业集中起来并不能产生创新，还需要园区内的中小企业建立起稳定的合作链，这样才能形成具有创新潜力的专业化园区，否则就只是多样化企业集中的园区。在多样化的园区内部，企业间通过产业链的合作关系比较少，其创新活力也不如专业化区域活跃。接着，专业化

区域内的企业通过合作，其专业化水平和创新能力得以快速提高，并且在园区内部形成相似的创新文化和组织文化，园区独特的制度体系也逐渐开始形成，由于具有相似的文化背景、知识结构和技术经验，区域内企业、机构间的文化和社会交流增多，隐性知识在园区内快速扩散和流动，园区内企业间的合作链进化成了更为复杂的创新网络，真正意义上的新型产业园区形成。但是，新型产业园区的形成并不意味着其能一直拥有创新优势。在有些园区内，各行为主体间通过创新网络积极合作、协同创新，利用园区内正式与非正式的各类网络联系，形成良好的区内创新环境，这不仅更好地促进

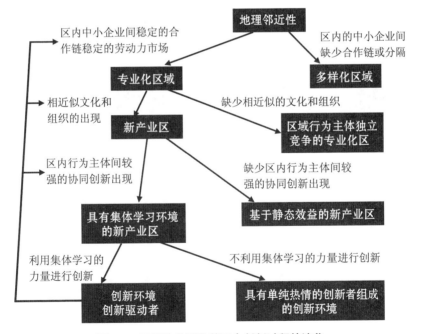

图 1.1　区域的发展及其区内创新过程的演化

参考资料：盖文启：《创新网络——区域经济发展新思维》，北京大学出版社 2002 年版，第 101 页。

园区的创新发展，与此同时，园区企业也获得动态的创新优势。但在有些园区，其行为主体间的合作链并没有演化成区域内的协同创新网络，与前者相较，其只能称为"基于静态效益的新产业区"。最终，利用集体学习的力量进行创新并不断完善园区内部创新网络、形成良好互动创新环境的科技创新集聚区成为区域创新的驱动者，成为提高区域创新能力的动力源，为区域的发展提供创新优势。

科技创新集聚区的网络功能总体来说包括培育高新技术企业创新能力，发挥高新技术产业主导作用，通过技术扩散带动提升整个区域的创新能力，从而促进区域的科技、经济、社会发展。如图 1.2

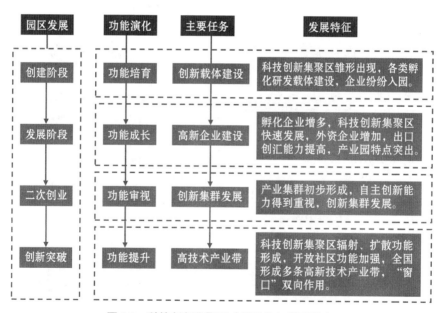

图 1.2 科技创新集聚区功能演化与发展特点

参考资料：陈家祥：《中国高新区功能创新研究》，科学出版社 2009 年版，第113 页。

所示，科技创新集聚区发展有四大阶段：

第一阶段是创建阶段，主要任务是进行科技创新集聚区软硬件环境的建设、创新载体和各类孵化研发载体的建设，集聚各类资源要素，通过优惠政策及配套设施吸引高新技术企业入园。

第二阶段是发展阶段，主要任务是高新技术企业建设。这一阶段随着园区内孵化企业的增多，科技创新集聚区快速发展，外资企业也纷纷加入园区，出口创汇能力提高。

第三阶段是园区的二次创业阶段，主要任务是构建产业体系，形成主导产业集群。随着园区内产业集群初步形成，自主创新能力得到重视，创新集群快速发展。

第四阶段是创新突破阶段，这一阶段的主要任务是鼓励园区内企业加强技术交流与创新合作，促进产业升级，完善创新网络。随

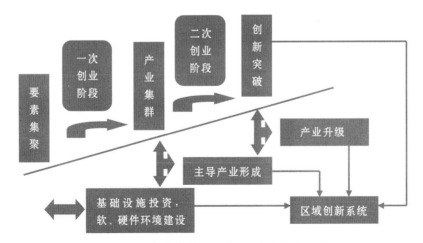

图 1.3 科技创新集聚区发展阶段和产业集群

参考资料：刘传铁主编：《科技园区创新性品格——高新区体制机制创新研究》，人民出版社 2010 年版，第 174 页。

着科技创新集聚区的辐射和扩散功能形成，开放社区功能增强，形成高新技术产业带，促进区域创新能力提升。

其中，从要素集聚阶段到产业集群阶段，主要是靠优惠政策驱动创新，属于科技创新集聚区"一次创业"；从产业集群阶段到创新突破阶段，企业对创新高度重视，产业集群逐渐成熟，科技创新集聚区通过建立创新网络、完善创新系统、优化创新环境来驱动创新，属于科技创新集聚区的"二次创业"（见图 1.3）。

二、科技创新集聚区创新系统的基本构成

科技创新集聚区创新网络的参与主体包括企业、大学、科研机构、中介机构以及政府等，各参与主体间的相互作用与影响，共同促进科技创新集聚区创新网络的发展。而其中最主要的就是高新技术企业、大学科研机构以及政府机构这三大行为主体，这三者之间的互动联系对科技创新集聚区及其所处地区的创新能力有着重要作用。

如图 1.4 所示，在上述三者的共同参与配合及推动下，科技创新集聚区得以快速发展。大学科研机构的研究成果通过与企业的合作实现商品化和市场化，获得经济利益的同时也有益于大学科研人才的培养和科研活动的继续；企业则从大学科研机构获得技术和人才资源，提高核心竞争力，有利于其发展；政府通过兴办科技创新集聚区并对其内部企业采取政策鼓励，促进创新资源的有效配置，不仅为企业与大学科研机构的合作创造良好的环境，有利于技术及

知识在区域间的流动，同时也减轻政府自身为高校及科研机构提供经费的财政压力并能从企业的高新技术发展中获得财政税收，长期来看，还有利于高新技术产业的发展、科技创新集聚区所处地区创新能力的提高以及区域经济的发展。

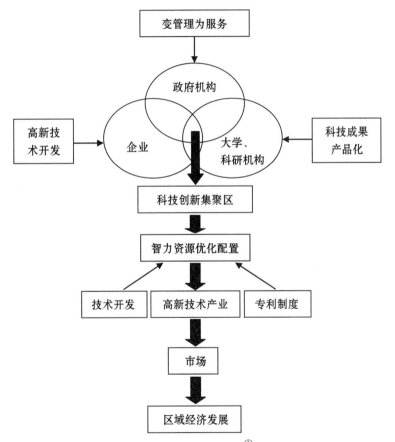

图 1.4　科技创新集聚区三元[①]参与理论

总体来说，政府以促进经济、社会发展为目标，为园区创造良

---

①　这里所指的三元即政府、科技企业以及大学科研机构。

好的内外创新环境，是政策、机制的制定者；大学和科研机构以培养优秀科研人才，取得先进科研成果为目标，为园区提供高新技术和优秀的人力资源；企业则以追求利润，持续发展为目标，开拓新兴市场的同时为大学和科研机构的科研提供资金、提供就业并为政府税收的增加做出贡献。三者在各自利益的基础上协同合作，在促进区域创新能力的同时也带动区域经济的发展，即三元参与理论的基本思想。下面详细分析这三大主体与科技创新集聚区创新网络之间的互动作用机制。

（一）企业

总体来说，科技创新集聚区的创新网络的形成：一是有利于园区内企业形成竞争优势。在科技创新集聚区内部，企业集群在相互交流、合作中形成的信赖关系和共同的游戏规则，有助于企业理解与吸收集群内特有的默会性知识，而园区外部企业对这种特殊的默会性知识难以吸收与模仿，从而使园区内企业整体获得特殊的竞争优势。二是有利于提升企业的创新效率，降低其创新风险与成本。在园区内部，企业间的非正式交流包括科技创新集聚区内的人员流动、企业员工间的信息交流、相关企业的设计信息、产业的技术发展状况等，都比较容易通过交流获取，这类隐性信息交流渠道可以帮助企业迅速适应市场变化，加快园区内知识溢出，帮助企业提高知识吸收能力和创新效率，从而降低企业的创新风险和创新成本，这些都是科技创新集聚区外部企业所不具备的。

1. 企业在科技创新集聚区创新网络中的地位

高新技术企业在科技创新集聚区创新网络中具有关键性的核心地位，如图 1.5 所示。与一般产业园区不同，在科技创新集聚区创新网络中，各类型的企业都作为创新网络的结点，既有大企业，也有小企业，既有外资企业，也有本土企业，不同类型的企业在区域创新网络中都有其不可或缺的作用。企业的资产包括物质资产和知识资产，对于高新技术企业而言，厂房、原材料、机器设备等物质资产并不是其核心竞争力，决定其价值及发展前景的是其拥有的专利、技术、品牌、设计等知识产权类资产。随着经济的发展，知识产权资产在高新技术企业中所占的比例越来越大。科技创新集聚区的发展以区内企业的自主创新为核心，如果企业缺乏创新活力，则科技创新集聚区的发展也会受限。

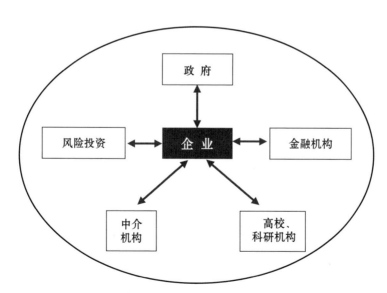

图 1.5 企业在科技创新集聚区创新网络中的核心地位

2. 企业参与结网的过程

企业参与结网的过程，主要有以下三个阶段：

第一阶段，企业与其上下游的供应商、客商等企业进行生产销售方面的合作和交流，主要以经济关系联接。

第二阶段，企业与本地的高校、科研机构、培训机构、政府服务机构以及竞争企业产生联系。

第三阶段，企业在区域创新网络中，与其他网络结点逐步建立合作与交流的联系，不仅有经济联系，还有社会联系，其交易成本和社会成本由于地理临近性而降低。

3. 科技创新集聚区创新网络对企业的作用

科技创新集聚区的创新网络给企业带来许多好处，其中包括：可以共享区域内的创新资源，包括人力资源、地理资源、基础设施及相关服务机构例如中介服务机构、金融机构、风险投资等；为企业提供良好的政策支持及创新环境；有利于企业及其上下游企业实现专业化分工协同生产；有利于企业与高校及科研机构的创新合作；由于区内同类企业间的信息共享及交流，较园区外企业，园区内企业更容易获得相关的技术及信息；具有对于创新风险和不确定性的补偿机制，更有利于创新型企业的成长与发展；有利于网络内部创新文化及观念的传播及创新凝聚力的形成。与此同时，科技创新集聚区创新网络中的企业也面临着人才流动带来的风险和成本、技术信息被竞争者获得并模仿、企业间创新竞争增大这样的挑战。

此外，科技创新集聚区内部企业家社会网络对企业的创新发展也具有重要的作用。企业家及企业管理层在与上下游企业合作交流中，社会关系网络得以拓展，这种网络关系对企业间合作与联系至关重要，有利于信息的快速传递、减少创新的不确定性，也有利于企业家准确而又迅速地根据瞬息万变的市场环境作出决策。不仅可以大大提高企业家的创新能力，也提高了企业创新成功的机会。

如图1.6所示，联接创新网络中的企业与外部环境间的创新网络边界是模糊与开放的，这有利于其知识溢出和技术扩散。创新网络中的企业，在纵向网络上，与产业链上下游的供应商和客商之间有着合作关系；在横向网络上，企业与竞争企业间既有着竞争关系，又通过商业组织有着合作关系。因此，企业在与其他主体合作选择过程中，往往采取就近原则，这不仅有利于它获得当地的资源和优惠政策，也有利于其从所处地区获取"养分"，即园区内部的创新网络环境。

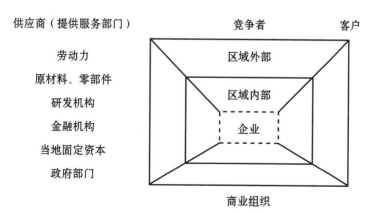

图1.6 企业与区域创新网络的联结关系

资料来源：Markusen A. , "Studying Regional by Studying Firms", *Professional Geography*, 1994, 46(4), pp. 477—490。

创新网络环境对企业的创新活动有着较大的影响，这主要是由于创新的不确定性及交易成本，科技创新集聚区内的企业往往更倾向于依赖科技创新集聚区内部创新网络进行创新和发展。企业往往选择地理上不太远的供应商和客商进行合作，从而形成空间集聚。这种集聚不仅仅是由于运输成本等地理因素，更多的是由于处于同一区域内的企业具有相似的创新理念、区域文化、创新环境，合作起来更容易也更紧密，同时，也有利于企业享受由政府提供的良好的园区基础设施、政策服务支持，大学及科研机构提供的技术支撑，金融机构提供的创新资金，以及中介机构的咨询服务。因此，科技创新集聚区在发展过程中应当为企业的创新活动提供良好的创新网络环境。

（二）大学、科研机构

高新技术从发明到产业化是一个复杂的过程，如图 1.7 所示，一般要经过种子期、初创期、发展期、扩张期和获利期，其中包括开发、完善、工程化、调试、生产、销售等多个阶段，具有高投入、高收益、高风险的特征。整个过程如果都由单个企业来完成，则面临着巨大的创新压力和风险，即使最终完成了，也可能由于花费时间过长而错过市场需求。此时，就需要科技创新集聚区提供孵化器、资金支持和政策扶持来帮助企业缩短研发周期，并通过创新网络平台促进大学、科研机构与企业的合作创新。

企业由于其自身科研实力有限，积极寻求与大学科研机构的合作；而对大学、科研机构而言，尽管政府每年给予其大量的科研投入，但仍有大量的科研经费需求无法满足。科技创新集聚区作为解决问题的最佳方式应运而生。在这里，大学、科研机构通过与企业的合作，实现科研成果的产品化、市场化，获得经济利益的同时也弥补了科研经费的不足；企业则从大学和科研机构获得技术支持及优秀的人才，在自身发展的同时，也为地区经济的发展和增加就业作出贡献。政府则通过组建科技创新集聚区，为企业和大学、科研机构提供良好的创新合作平台，促进资源有效配置。

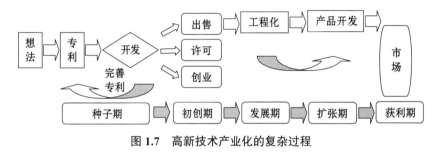

图 1.7　高新技术产业化的复杂过程

资料来源：王昌林：《高技术产业发展战略与政策研究》，北京理工大学出版社2007 年版，第 84 页。

在科技创新集聚区创新网络中大学及科研机构是重要的行为主体，在科技创新集聚区的创新功能中起着关键性作用。其中包括：

一是不断提供新技术，增加区域知识存量，拓宽创新范围。大学和科研机构的基础性研究和应用性研究为区域内的知识创新提供了大量的创新资源，通过和企业的合作交流，不断将最新的科研成果市场化，有利于企业拓宽技术创新范围，增加其竞争力。

二是大学和科研机构在本地的集聚，有利于产学研合作网络的形成，加速科技转化为新产品的速率，也有利于区域内的技术扩散与溢出，辐射和带动当地高新技术产业的发展。不仅有利于园区内创新企业的发展，同时也带动科技创新集聚区所处地区的创新能力。

三是大学及科研机构的高质量人才对科技创新集聚区的发展有着不可估量的作用，不仅为创新企业提供迫切需要的人力资源，同时也优化了科技创新集聚区内部的创新环境，吸引更多的区外人才及劳动力到科技创新集聚区就业，从而使区域内劳动力市场日趋完善。

与其他园区不同，大学和科研机构直接参与科技创新集聚区的创新活动，是区域创新网络中重要的网络结点。经验告诉我们，在大学和科研机构密集的区域，常常会看到高新技术园区的迅速崛起。这主要是由于大学及科研机构为科技创新集聚区的创新活动提供了最重要的两类资源，即优秀的劳动力和丰富的知识、技术。因此，科技创新集聚区整体区域的创新功能性非常强。与传统产业园区内部丰富的血缘、亲缘为基础的社会网络不同，科技创新集聚区内部的各研究机构及高校间的交流、联系非常多，它们之间的社会交流更多伴随着隐性知识、技术、经验的流动与溢出。这对科技创新集聚区创新网络的发展也是必不可少的推动力。

（三）政府及中介服务机构

政府及中介服务机构在科技创新集聚区的发展中也有着重要的作用，通过政策、制度等措施，为科技创新集聚区构建一个良好的创新环境，协调科技创新集聚区创新网络中各行为主体间的关系，在企业或园区遇到发展瓶颈时提供有效的支持，从而使企业能更好地享有创新收益。

与前两者不同，政府在科技创新集聚区创新网络中并不直接参与创新。如果政府对创新过程进行严格的限制，那么将会制约园区的创新活力，因而政府最好间接参与创新活动。一方面，通过改善基础设施、生活配套、交通通信等来改善园区的创新硬环境；另一方面，制定完善的发展规划，营造良好的创新氛围这种软环境，包括建立健全的法律、法规及制度，完善园区内的融资环境和投资机制。

中介服务机构主要是指科技孵化器、园区信息咨询服务中心、金融机构、人才市场、技术市场、专利机构、科技交流中心、法律、税务、商检等部门驻园区机构及其他为高新技术企业提供服务的机构。主要为园区内的企业提供专业的服务咨询和信息，并促进企业与其他机构的交流合作。

随着科技创新集聚区的发展，比起企业、大学、科研机构等行为主体各自的行为，园区的创新越来越依赖于各行为主体间的交流与合作。政府和中介机构在这中间扮演着重要的角色，它们的作用包括为科技创新集聚区营造良好的创新氛围，促进各行为主体间的交流，减少创新合作中的阻碍，从而增强科技创新集聚区的创新活力。

三、线性创新模式、中心创新模式与网络创新模式

由于创新过程的不确定性和复杂性，因而创新过程不仅仅发生在高科技企业内部，而是在整个科技创新集聚区内由原本的线性创新模式发展为网络创新模式。非线性创新模式理论认为，创新并不总是按照发明、开发、扩散的线性模式发展，由于在科学发明、产品研发、生产销售的各环节相互作用时信息不断反馈（见图1.8），因而不单在

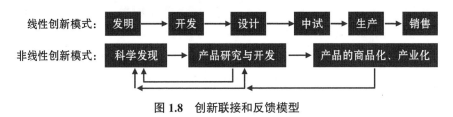

图 1.8 创新联接和反馈模型

资料来源：盖文启：《创新网络——区域经济发展新思维》，北京大学出版社 2002 年版，第 97 页。

研发部门，企业自身生产经营的各个环节都有可能产生创新。

技术创新不仅发生在企业内部，同时也与企业外部环境密切相关。企业在与上下游供应商及客户的交流中，和高校及科研机构的合作中，和其他企业的市场竞争中，都有可能发生创新。创新活动逐渐发展成为区域层面的创新网络，成为动态循环的学习过程。观念及经验、制度等隐性知识通过科技创新集聚区内行为主体间的相互交流合作而传递扩散，表现为区域内网络式的创新。

表 1.2 线性、中心与网络创新模式的特征比较

	线性创新模式	中心 / 增长极创新模式	网络创新模式
创新来源	大企业和研发部门	围绕单个主导中心，一般集中于推动性的工业主导部门[①]和创新企业	所有网络主体，包括小企业和大企业、研发部门、客商、供应商、高校、科研机构、公共机构
创新过程中的重要投入	研发	研发、技术扩散	研发、市场信息、技术竞争、非正式的经验交流

① 这类主导部门一般具有三个特点：新兴的、技术水平较高、有发展前景的工业；产品主要输往区外，全国以及世界市场，具有较高的需求收入弹性；对其他产业有较强的驱动作用。

	线性创新模式	中心/增长极创新模式	网络创新模式
地理模式	由上至下等级扩散，下游企业是创新的被动接受者	大部分创新活动发生在中心区域，由主导部门和中心企业辐射到其他部门和企业	网络状，由许多分散的中心构成，创新活动在地理空间扩散，区域有着经济互动所决定的模糊边界
创新特征	突破性创新	具有极化效应和扩散效应，创新资源被吸引到极点，创新成果扩散至周边区域	渐进和持续性的创新，强调基于区域内中小规模企业的创新
区域政策导向	鼓励非中心区域的研发活动	鼓励增长极的创新发展，通过交通、税收等政策促进创新扩散至整个区域	整合与协调各层面多部门多主体活动，完善区域创新系统

由表 1.2 可知，创新从线性模式向网络模式的转换不仅仅是概念上的改变，而是更为肯定了区域内企业的集体学习过程，更加关注区域内各主体间的交流与合作，更注重区域内网络创新的扩散过程，政策导向上也由对大企业的研发鼓励转变为更倾向于通过完善区域创新体系来提高区域创新能力。

（一）制度、组织和要素对科技创新集聚区发展的作用机理

科技创新集聚区的网络创新可以看作是企业、大学、科研机构、政府、中介作为组织主体，通过一定的制度规则，配置资本、技术、知识、市场、人才等要素客体，最终促进产业发展，提升园区竞争力的过程（见图 1.9 ）。

其中，组织、制度、要素三大系统相互独立又相互作用，而科技创新集聚区内部的制度系统由于其复杂及多层次性，相较于其他两大系统而言，是一个复杂的灰箱子，虽然不能完全模拟及掌握，但人们

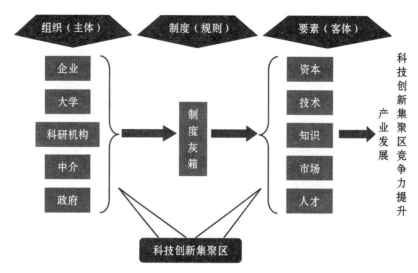

图 1.9　制度、组织和要素对科技创新集聚区发展的作用机理

资料来源：科技部火炬中心等：《中国增长极：高新区产业组织创新》，清华大学出版社 2007 年版，第 224 页。

可以了解其中的关键性制度并进行创新，从而促进园区的发展。

（二）科技创新集聚区的创新网络系统结构

随着园区的发展，其结构及功能也日趋复杂化，要处理好企业、园区机构及政府之间的协调关系就要更深入地理解其内部网络结构。如图 1.10 所示，科技创新集聚区内有由组织、运营和支撑三大子系统及系统环境构成的总系统。在这种结构中，科技创新集聚区的总系统内形成其独特的规范和秩序。运营子系统是指园区内的高新技术企业的运转方式和机制；组织子系统包含开发区内具有咨询、监督、管理等职能的园区管理机构及从事研发、生产的业务机构；支撑子系统则是指园区内基础设施建设及孵化器、税务、工商、金融等社会综合服务体系。

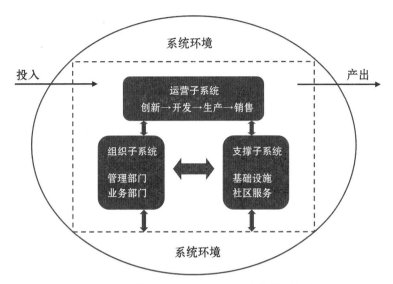

图 1.10　科技创新集聚区创新系统的基本构成

（三）科技创新集聚区的科技创新体系

科技创新集聚区的发展离不开科技的支撑，科技创新集聚区科技创新系统是指科技资源投入经过运作形成符合市场需求的科技产品的有机体系。

如图1.11所示，其运行过程为：在政府引导下，创新主体通过市场需求明确其科技创新的目标，进行科技投入、研发等创新过程，最终生产出科技产品，而科技产品是否符合市场需求会反馈到之前的研发和确定目标阶段，如果符合则说明上述过程是正确的；如果不符合，则需要调整上述过程。这整个过程就是科技创新集聚区的科技创新体系运行过程。

科技创新集聚区的科技创新体系具有能动性和开放性的特征。能动性即科技创新集聚区科技创新体系能根据市场需求及时反馈信息，能调控自身的结构与创新活动，从而保持其体系的相对稳定与平衡。开放性则是指其是个开放性的平台，并不是一个封闭的创新体系，其通过与外界市场需求的交流与反馈，不断地改善与完善自身的创新机能。

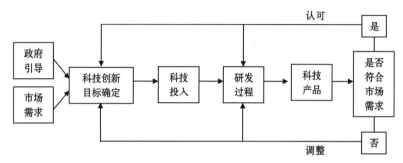

图 1.11　科技创新集聚区科技创新体系运行过程

资料来源：刘传铁主编：《科技园区创新性品格——高新区体制机制创新研究》，人民出版社 2010 年版，第 227 页。

（四）科技创新集聚区的创新网络联系

科技创新集聚区区域创新网络指的是科技创新集聚区内部各行为主体（企业、高校、科研机构、政府、中介机构等）在创新过程中相互交流、合作等网络联系的总和（见图 1.12）。科技创新集聚区的创新网络按照其交流形式的不同大致可分为正式与非正式两类。

1. 正式交流

各创新主体间的正式交流主要有以下几种：

企业之间： 包括不同规模企业间以及跨国公司与本地企业间在高新技术等产业领域的合作交流；企业与供应商及客户间的垂直网

络交流；与竞争企业及其他企业间的水平网络技术交流。

大学、科研机构与企业之间：包括通过在高校、科研机构周边建立大学科技园，促进企业与高校及科研机构的合作，将高校的科研成果市场化、产业化。如北京、上海均围绕当地的著名大学建立科技园，沈阳、大连、西安也在中科院的几大院所附近建立高新科技实验基地。

企业与政府、中介服务机构之间：政府及园区管理机构通过政策及基础设施的建设支持区内企业的发展，中介服务机构则不仅积极促进企业与高校及科研机构的合作，并且为企业在创新过程中遇到的各类金融及管理问题提供服务支持。

2. 非正式交流

非正式交流则主要指园区内部的人际社会网络关系，包括园区内企业内部职工、技术人才、管理人才之间的交流；企业人员、政府官员及科研机构学者间的交流等。这种人与人之间的非正式交流能够有效地推动经验、观念等隐性知识的扩散与传播，从而有效地提高园区内部人员素质，有利于提高园区的知识创新效率。这种隐性知识的网络扩散是难以复制与效仿的，也是科技创新集聚区创新网络有别于一般区域网络的特殊之处。技术和专业知识可以通过模仿或者引进而获得，但一个区域的创新网络和运营模式却是难以复制与模仿的。自硅谷在20世纪80年代获得巨大成功后，世界各国都纷纷建立起科技园区，尽管也获得不同程度上的成功，但都无法完全复制硅谷的创新网络和运营模式。

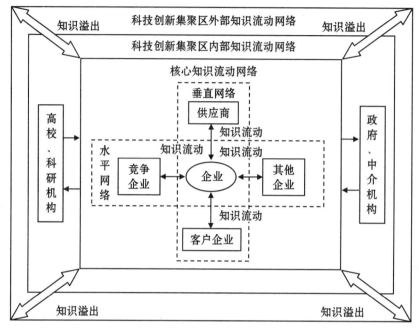

图 1.12　科技创新集聚区的创新网络

四、科技创新集聚区创新网络的基本特征

一般而言，科技创新集聚区创新网络具有政策引导性、地域根植性、多元网络性、开放共享性、动态稳定性五大特征。

（一）政策引导性

在科技创新集聚区的发展过程中，政府起到很大的作用，有时甚至是决定性的作用。许多科技创新集聚区从设立之初就是由政府选址、规划的，其发展过程中，当地政府相关财政税收优惠政策、产业政策起到很大的指导作用，促进了科技创新集聚区内企业的成长与集聚。

各地政府为大力推进当地各类科技创新集聚区的发展，吸引更多的高新技术人才、资金、企业进入，先后出台许多优惠政策和地方法规，但由于各园区的产业结构与经济发展状况不同，这些政策的实施效果各有不同，各园区的创新能力及创新网络特征也有所不同。

（二）**地域根植性**

科技创新集聚区创新网络的主要结点都是其所处地区的行为主体，其参与创新活动的过程中与本地的创新环境和经济活动有着密切的关联。因此，不同科技创新集聚区的创新网络往往带有其所处地区的发展特点及优势，在本地化的过程中，企业能更好地融入其所处地区，具备更强的竞争优势。

由于科技创新集聚区各行为主体在空间上的邻近性，其创新观念及创新文化相类似，以科技创新集聚区内的创新环境为基础，园区内各主体间形成根植于当地社会文化的非正式联系、信赖关系以及合作关系。

（三）**多元网络性**

科技创新集聚区内部各主体之间、各要素之间、主体要素与创新环境之间都有着相互联系和相互作用，进行着各种创新资源的交换，因此，科技创新集聚区创新网络具有单个主体所不具备的功能。要提升科技创新集聚区的创新能力，不仅要提高各行为主体的创新能力，还要加强它们之间的网络互动与联系。

创新网络内部各创新主体间、各创新主体与创新资源间具有相对稳定的网络关系。科技创新集聚区创新网络中某项新产品或新技术的创新，不仅仅使创新企业受益，还会通过企业间正式或非正式的交流在区域内部网络中迅速扩散，从而促进科技创新集聚区整体的知识和技术积累，提高区域创新能力。科技创新集聚区的创新网络与老工业基地不同，不存在固定的中心点，也不会由一家或几家大型企业控制其他中小型企业，在其创新网络内部，无论企业的规模大小，都具备较高的创新活力，都能通过网络创新平台实现合作和交流，企业间信息传递的阻碍较少，知识在区域内部的传递速度较快。此外，科技创新集聚区内创新主体尤其是企业与外界企业和机构间也具有一定的网络关系。

（四）开放共享性

科技创新集聚区创新网络不是一个封闭的创新系统，具有开放性，网络中的各行为主体间的知识流动并不局限于区域内部，尤其是企业，通过与区域外企业的战略合作、人才交流、资金往来等往往能获得互补性资源，而区外企业也能在合作过程中获得外溢知识与技术。随着经济全球化的进程日益加快，跨国的合作交流也越来越多，科技创新集聚区创新网络内部各行为主体与外界的交流不仅有利于实现更广范围内的资源有效配置，同时也加快了科技创新集聚区创新网络的内部创新。

科技创新集聚区创新网络内部的信息与资源具有共享性，在创新平台内，资源是共享的，信息是畅通无阻的。创新网络内部各主体都能通过网络平台有效地配置其资源，实现其创新目标，从而推动整个区域的创新发展。

（五）动态稳定性

科技创新集聚区创新网络内部的企业并不是一成不变的，由于技术市场的不确定性及不可预测性，企业进入创新网络或者退出创新网络时常发生，科技创新集聚区创新网络中企业的数量是不断变化的，网络中各主体的关系也是随时变化的，或紧密或疏离，因此科技创新集聚区创新网络具有动态性。

但相较于单个企业创新面临的风险与不确定性，科技创新集聚区创新网络整体具有相对稳定性。其主要体现在其结构构成与联系上，在一定时期内，科技创新集聚区内部基本上是一种固定结构，作为一个整体将区域内的各类创新资源整合并有效地加以利用，因此，各创新主体之间的关系在动态发展中具有相对稳定的平衡性。

第二章　国内外科技创新集聚区运营模式发展特征的比较研究

第一节　国际科技创新集聚区运营模式的发展特征

由于中国的科技创新集聚区发展时间较短，因此研究世界范围具有代表性的科技创新集聚区运营模式的特点与经验，可以为中国科技创新集聚区运营模式的改良提供借鉴。

一、国际科技创新集聚区运营模式的发展趋势

随着市场、科技、资本、信息等全球化步伐的进一步加快，世界各国政府、高等院校、跨国公司等纷纷探索有利于创新发展的新政策、新模式，大大促进了科技成果转化。

（一）以色列探索高校技术转移公司化运作

以色列政府把教育、科研和创新作为立国之本，成为世界创新型国家建设的典范。1959 年，以色列魏兹曼科学院设立耶达（Yeda）技术转移公司，开创了全球高校院所技术转移的先河。

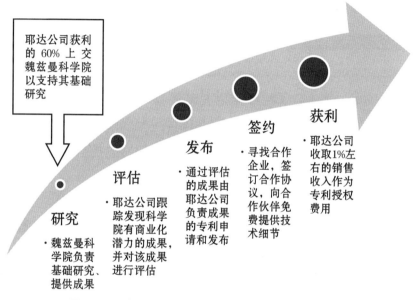

耶达公司获利的 60% 上交魏兹曼科学院以支持其基础研究

获利
·耶达公司收取1%左右的销售收入作为专利授权费用

签约
·寻找合作企业，签订合作协议，向合作伙伴免费提供技术细节

发布
·通过评估的成果由耶达公司负责成果的专利申请和发布

评估
·耶达公司跟踪发现科学院有商业化潜力的成果，并对该成果进行评估

研究
·魏兹曼科学院负责基础研究、提供成果

图 2.1　耶达公司服务魏兹曼科学院成果产业化的流程

耶达公司秉承"让科学家专心做科研，其他事情我们来办"的理念，独立运营、市场化操作，全权负责科学院的技术转移工作，是世界上最成功的技术转移公司之一。

2014 年，魏兹曼科学院修订了知识产权和成果转化管理章程《魏兹曼科学院知识产权与利益冲突管理章程（2014）》，更加明晰了科学院、科学家、耶达公司三者之间的关系。目前，耶达公司对科学院的 2 000 多项专利拥有使用权。一方面，公司自行开展科技成果转化，在毗邻的魏兹曼高科技园区投资或持股创办了 50 多家高科技企业；另一方面，公司向多家企业转化专利技术，并配合其进行二次技术开发和产业化开发。以色列理工学院、希伯来大学、特拉维夫大学等 7 所研究型大学技术转移的运行机制与魏兹曼科学院耶达公司相似。

※案例：特拉维夫模式——内生与外源结合的科技创新中心

以色列的特拉维夫有"硅溪"之称，也被称为"世界第二硅谷"。在这个面积只有 52 平方公里、人口仅 40 万的城市中，集中了以色列绝大部分高技术企业，拥有除美国硅谷之外全球最集中的科技创新集聚区，同时也是世界上初创公司密集度最高的城市之一，每平方公里就有 13 家初创公司。在国际著名创业调查公司 Startup Genome 发布的《2012 创业生态系统报告》中，特拉维夫在人才、创业产出、资本等多项指数中名列前茅，综合排名世界第二，仅次于创业高地硅谷。以色列科技创新集聚区的运营模式主要有以下几方面的特色：

1. 建立研发中心

目前，超过 250 家外国公司在以色列设立了研发中心，开展研发活动仍然是跨国公司利用以色列创新能力的主要方式。包括华为、IBM、微软以及德国电信和 SAP 在内的几乎所有大型信息技术公司都以这种方式利用以色列创新优势。

2.构建创新中心、孵化器、加速器等平台

在以色列，这类机构的发展速度可以用飙升来形容。近100家大型公司已经在以色列开展创新实验室和开展加速器项目，而这个数字几乎每周都在增长。孵化器和创新实验室等早期平台以自下而上的方式培育新创意，便于母公司挑选并进行开发和拓展。大多数的加速器项目都是非盈利的，但是也有一些项目要求创业者以公司股权换取跨国公司的技术指导、产品和消费者资源。对于跨国公司而言，这种与初创企业的合作方式高度灵活、成本低廉，有助于将新兴公司的新鲜血液注入跨国公司的企业文化中，而且巧妙规避了一些往往会阻碍企业快速发展的繁复流程。

3.通过企业并购和战略投资获得技术和人才

以色列初创企业囿于狭小的本地市场，虽然已经开发出突破性的技术，但是却缺少扩大规模的能力，所以国外企业投资者对于以色列初创企业吸引力十足。现在，以色列已经成为世界上最大的初创企业收购市场。比如，在2015年被收购的104家科技公司中，绝大多数企业的收购方是外国公司，而在2017年的风险投资中，33%的交易至少是有一家公司风险资本（CVC）参与的。对于吸纳人才、填补技术缺陷及引进创新文化而言，对初创公司战略性地进行风险投资、收购初创企业是一条行之有效的捷径。

4.举办活动、会议、黑客马拉松和创业比赛等

黑客马拉松和创业比赛等活动也是一个很好的方式，它相对来说比较"轻"，但同时又能享受到人才与想法的好处。例如，Visa欧洲进驻特拉维夫后，于 2015 年 9 月在特拉维夫举办首个创业大赛活动，Visa 欧洲从近 200 家报名的初创企业中筛选出 24 家，助其与全球 100 多家企业建立关系网。在"共创"环节中，入选的初创企业会和 Visa 欧洲的专家进行一对一匹配，还有第三方"共创"合伙人参与合作。大赛产生不少有前景的产品与服务，有望在充分测试后在世界范围进行推广和使用。

此外，以色列政府通过集中激励和创新政策为企业家提供支持。政府资助了近 20 家孵化器，并给到初创企业高达 85% 的资助。当然，政府的角色非常明确："政府只负责推动和支持，不干预企业正常经营。"而且，政府对国外公司在以建立研发中心、孵化器和创新实验室等行为进行减税、拨款等激励政策，也助力了创业生态的发展。

（二）高校概念验证中心促进科技成果商业化

概念验证既是创新链的一个阶段或环节，又是跨越科技成果转化"死亡之谷"的第一步，主要以解决专利、创新想法的商业化为目标，通过提供技术可行性、种子资金、商业顾问、创业教育等对概念验证活动进行个性化支持，验证特定技术的商业潜力，提出科研成果商业化的方向和建议，对于推动具有市场潜力的基础研究从实验室走向市场应用具有重要作用。近几年来，概念验证中心逐渐成为促进高校科技成果商业化的重要载体。

2001 年，美国加州大学圣迭戈分校建立世界上第一个高校概念验证中心——冯·李比希创业中心。该中心通过创新资金支持、技术咨询服务和创新人才培养等路径加速科研成果初期转化。2001—2012 年，该中心共培养 1 000 多名创业型研究生，培育 110 多个创新团队，创建 32 家新公司。目前，美国已有 30 多所研究型大学建立概念验证中心。

2008 年，**新加坡**正式启动概念验证资助计划，鼓励大学和公立科研院所将尖端基础研究成果转化为能够市场化的产品，帮助科研人员创业成立科技型企业，每个项目最高可得到 25 万新元的资助。

2011 年，**欧洲**研究理事会（ERC）设立概念验证计划。2014 年欧盟《地平线 2020》继续实施概念验证计划，单个概念验证项目资助金额高达 15 万欧元。

中心运作模式	种子基金 ·选定项目投资 ·项目评价 ·提供资金
	咨询服务 ·为项目推荐技术和商业顾问 ·顾问全过程提供商业指导与产品开发转移知识和技能 ·与外部社区组织合作，提供更好的培训和指导
	创业教育 ·为本校全体师生提供创业教育与培训，如课程教学、讲座与研讨、筹办会议等 ·为兄弟高校、合作单位及研究机构提供短期课程、工作坊和讲习班等

图 2.2　冯·李比希创业中心运作模式

（三）跨国公司搭建企业开放式创新平台

在互联网时代，为适应快速发展的市场需求和日益激烈的商业竞争，企业创新的主导模式逐渐从封闭式创新向开放式创新转变，主要呈现以下三种运营模式。

1. 企业开放式创新平台

跨国公司开展的开放式创新是一个综合的系统，不仅包括提供战略投资，还包括为初创企业提供孵化空间、为概念验证提供合作平台、为大中型企业提供并购与合作服务等。强生公司设立 JLABS QuickFire 挑战赛，旨在吸引解决影响人类健康福祉的重大医疗挑战的颠覆性、早期创新方案，至 2019 年 5 月，已举办 50 多场挑战赛、2 000 多位创新者参与。强生公司推动的创新沟通平台 JPOD 可通过远程会议系统，培训、指导初创企业的项目商业化，利用各种资源帮助他们取得成功。英特尔公司赞助 500 多所大学，并且将其开放性合作实验室布局在相关领域的大学周围，通过开放研究环境、公开部分项目，英特尔获得更多资源，在开放式创新中获得大量新想法与知识产权。

2. 开放式创新服务提供商

随着互联网的兴起，诞生了一批专业从事企业开放式创新的服务机构。InnoCentive 是全球专业从事开放式创新服务的先驱者之一，通过网络将创新组织与全球外部专家联系起来，帮助创新型组织解决其重要的技术、科学、业务等问题。NineSigma 公司是一家全球性的开放式创新服务商，其合作伙伴包括宝洁公司（P&G）、西门子

（Siemens）、松下电器（Panasonic）、葛兰素史克（GlaxoSmithKline，GSK）等企业。艾伦·麦克阿瑟基金会（The Ellen MacArthur Foundation）通过与西门子合作设立"公开征集供应商"计划，帮助西门子瞄准全球未知的技术合作伙伴，以解决各种研发路线图中的技术挑战。

3. 企业创新风险投资

即大企业通过持有小型创新或专业公司的股权，直接投资于外部创业公司。它除了提供股权资金外，还为外部公司提供管理知识乃至营销渠道，加速大公司利用外部创新资源降低创新成本、提升企业竞争力，同时，也为小型创新企业的快速发展提供强有力的支持。例如，丰田汽车在2016年初推出3.1亿美元基金对全球从事汽车共享、平板卫星天线和家用机器人等15家技术初创企业进行投资，以跟上谷歌等科技竞争对手的创新步伐。

（四）法国依托科技创新展会实现精准对接

法国政府在科技创新方面主要由法国科创（La French Tech）、法国商务投资署（Business France）、法国国家投资银行（Bpifrance）"三驾马车"驱动，自前总统奥朗德推行"法国吸引力"至今，法国吸引力在科技创新领域体现最为明显。在此背景下，法国阳狮集团和回声报集团于2016年发起的Viva Technology科技展会（简称"Viva Tech"），目前已成为法国乃至欧洲知名的科技盛会。2019年的主题是"科技至善（Tech for Good）"，马克龙总统参加展会，Google、Facebook、微软、华为、阿里等一大批知名企业及其企业家参会。

图 2.3 Viva Tech 科技展会运营模式

与一般展会不同之处在于，Viva Tech 的原则是"大企业（机构）搭台、创新企业展示"，推动大企业技术需求和创新企业解决方案的对接。欧莱雅集团展区由来自全球的数个初创企业组成，每个都展示了其独立的解决方案，提供给欧莱雅集团和其他大企业。2019 年 LVMH 集团提出了 20 多个领域创新需求，全球 75 个国家和地区的 900 多名申请者提出解决方案，最后 30 家初创公司角逐 LVMH 创新奖，大赛的优胜者名单在 Viva Tech 峰会上进行公布。

二、国际科技创新集聚区运营模式的典型案例

（一）案例一：欧洲医药"硅谷"

产业集聚可以提高劳动生产率。英国经济学家马歇尔发现，集聚在一起的厂商比单个孤立厂商的生产运营更有效率。相关产业链上的企业在地理上的集中，可以促进行业在区域内的分工与合作。生物医药产业属于典型的"高投入、高风险、高产出、长周期"行业，具有创新成本高、投资风险大、研发周期长等特点；产业技术新知识、新方法、新领域层出不穷，相关从业人员只有不断相互学习，才能保证知识及时更新。集群化发展是生物医药产业的有效避

险机制和竞争利器，通过地理邻近，即科技创新集聚区的出现，可以大大提高区域产业的整体竞争力。

位于欧洲的厄勒海峡地区（Oresund Strait），有一块大约 21 平方公里的地方，一边连接着丹麦首都哥本哈根，一边通向瑞典城市马尔默。这里有充满活力的医疗生态系统和丰富的人才库，是欧洲名副其实的"医药谷"（Medicon Valley）。

* Medicon Valley 内，从事生命科学领域的有 42 000 余人；

* 14 500 名生命科学研究员，其中包括 6 000 名博士；

* 拥有 20 所大学，13 万名学生；

* 聚集了 9 所专注于进行生命科学研究的大学，北欧 90% 的生命科学专业的毕业生毕业于此；

* 该地区包括 28 所医院，7 大生命健康主题的园区，10 个生命健康孵化器，大型制药或医疗技术公司 20 家，行业机构的数量超过 400 家，斯堪的纳维亚半岛的制药公司中有 60% 位于该地区；

* 像 Novo Nordisk，LEO Pharma，Baxter Gambro 和 Lundbeck 这样的大型公司也都安顿于此；

* 这里有悠久的历史，并诞生了多位医学界知名学者，如伦德贝克（H. Lundbeck）等；

* 心脏起搏器、呼吸器、伽马刀等著名医学发明诞生于此。

在 20 世纪 60 年代，厄勒海峡地区因其优越的地理位置，成了一个专门从事食品加工、纺织、建筑工程和造船工程等业务的生产区。那它是如何从一个生产区转变为现在的高科技医药谷的呢？这要回顾到 20 世纪 70 年代，当时厄勒海峡地区正遭受结构性危机的打击，因为制造业的转移，大型造船厂、纺织服装厂一个接一个地关闭，地区失业率不断上升。为了对抗经济下滑，丹麦政府采取"防御性的市政凯恩斯主义"，希望通过提高政府支出来拉动就业。但事与愿违，就业没怎么上升，市政债务反而积累得越来越多，并导致哥本哈根市的政治和社会状况恶化。因此，哥本哈根市决意将公共支出方式慢慢从"凯恩斯主义"转变为"熊彼特主义"，鼓励"城市企业家"。在这种理念下，丹麦政府考虑将厄勒海峡地区作为大哥本哈根都市圈，提出长期权力下放、鼓励跨境投资与区域合作。

这对邻近的瑞典来说是一个好消息：瑞典相对于丹麦，地理位置更为不利，并且因为当时的苏德关系，瑞典进入西欧主要市场的阻力较大，因此对与丹麦跨境合作的热情更高。在 90 年代初期，厄勒海峡委员会成立，该机构由 32 名政治代表组成，目标是加强该地区的综合发展与跨境合作，共同在产业、劳工等领域发起并运行战略发展项目，构建市场、通信和基础设施，营造科技创新集聚区的教育、文化和环境。在这种新思想的影响下，政治家也越来越像"企业家"：他们将自己的区域视为"产品"，思考产品的"竞争力"、如何进行"营销"等等。经过十年的建设，"城市企业家精神"获得回报：2000 年，厄勒海峡跨海大桥建成通车。在之后的几年里，Medicon Valley 地区的增长率快速超出丹麦和瑞典的其他地区。

生命科学是一个特殊的行业领域，要在支持性和协作性生态系统的情况下才能蓬勃发展。Medicon Valley 地区已经拥有多所著名大学、公司等，政府政策支持也非常到位，这就创造了一种新的运营模式，即**"三重螺旋产业生态系统"：政府机构、研究基础设施和业务网络。**

第一，政府首先对医疗技术集群进行大规模投资，特别是大学医院和公共研究机构，例如，政府鼓励该地区的大学为从事健康领域的组织创建协会。

第二，最先进的研究基础设施也非常齐备：欧洲散裂中子源，是迄今世界上通量最高的脉冲散裂中子源，预计 2025 年建设完工；还有 MAX IV，一家高性能同步加速器辐射实验室；Steno 糖尿病中心……这些对科研基础设施的投入，有效降低相关企业研发成本的同时，也有利于吸引相关领域的顶尖人才向该地区集聚。

第三，值得一提的是，厄勒海峡委员会发挥了特殊的作用，即"平台经纪人"：政府、公司、学术机构、人才等之间的联系，都可以由委员会来达成。Medicon Valley Alliance（MVA）就是政府发起的一个平台，致力于加强学术界与公司之间的协作与知识交流，将研究与创新聚焦于真正的商机。三重系统以密集、集成、相互联系的方式工作，使得政界、学术界、产业界进行合作，共享想法，不断地演化成一个复杂的生态系统，开拓新研究领域的同时，也增加了商业机会，并且不断吸引着各类公司向此集聚。

Medicon Valley 地处温带海洋性气候区，气候宜人，环境优美，具有非常吸引人的生活方式。该地区的企业文化是：公司不鼓励加班，人才不用在工作和家庭生活之间进行选择，公司其至优先考虑员工的家庭生活，认为这样才会有更高的劳动生产率。

＊Medicon Valley 的城市中心区为人们提供创新文化生活方式（包含现磨咖啡、街头艺人、时尚画廊、独立餐厅等多样元素）。

＊临近公共交通枢纽能让知识工作者减少开车通勤带来的机会成本，进而提高工作效率。在 Medicon Valley 地区，跨海大桥的修建使得地区内交通更加便利，有利于加强两国间的区域联系，降低交通成本。

＊在学术机构附近聚集。在 Medicon Valley 地区聚集多所学校，与知识邻近。无论是郊区校区还是市中心的校区，都开始成为创业群体居住区的磁极。

＊注重自然环境舒适度。创意群体聚集区通常拥有良好自然环境。在这里工作，可以同时享用先进的办公空间与研发设备、优美舒适的自然景色。因此，科技创新集聚区不应仅仅关注产业发展，更需要包括旅游景点、文化、教育、休闲娱乐等方向的发展，为企业和人才营造更宜居的发展环境。哪里更宜居，人才就会选择在哪里居住；人才选择在哪里居住，人类的智慧就会在哪里汇集；人类的智慧在哪里汇集，人类的财富最终将在哪里汇聚。

区域间的竞争，说到底是人的竞争，随着各个地区对于人才的抢夺越来越激烈，特别是在一体化城市群发展的年代，每个区域的"硬件"和"软件"越来越相似，人才和公司的选择越来越多，如何才能吸引并留住人才、公司和产业呢？

Medicon Valley 的运营模式给我们带来一些启示：

首先，"城市企业家精神"对区域创新有着积极影响，特别是当创新的精神根植于城市官员后，带来的积极影响是非常大的；

其次，应当注重利用地理空间的特殊性，发挥连接优势；

最后，更重要的是，在建设创新硬环境的同时，软环境的发展也十分重要，是能否留住人才的关键所在。因此，应当充分发挥地区的文化优势与自然优势，自信地展现属于这个地区的生活方式——更好的城市，终究是为了更好的生活。

（二）案例二：德国纽伦堡医药谷

德国的纽伦堡医药谷（Medical Valley, Nürnberg）作为全球顶级生物医药创新集聚区，是德国联邦教育与科研部（BMBF）推选认可的 15 个顶级集群平台之一，也是其中唯一的医疗技术领域科技创新产业集群。全德国"诊断、外科、鉴别"科目中 42% 的专利申请、"X 射线技术"中超过 63% 的专利申请都来自这里，80 多所大学研究院和高等应用科学学院聚集于此，这里有众多重点研究实验室和权威学者，有 500 多家公司活跃在医疗技术产业，众多最新的医学技术也生发于此。例如，世界上最早的人造虹膜、最早的带同步数据采集技术的集成型分子 MR 全身系统、全球首台取消探头线缆的无线超声装置、全球首台 PET/MR 一体机、世界上首台脉冲高压发生器等技术都诞生在这里。

1877 年开始，西门子医疗公司的前身之一在这里成立，从那以后，医疗行业逐渐成为纽伦堡周边地区最重要的产业之一。1895 年，威廉·康拉德·伦琴（Wilhelm Conrad Röntgen）在附近的维尔茨堡（Würzburg）发现了 X 射线后，该地区成立了第一批医学影像公司。如今，该区域中有 500 多家医疗技术公司。这里集聚了很多医疗前沿领域的隐形冠军企业，比如计算机断层扫描、磁共振断层扫描、介入诊断成像、激光屈光手术、碎石术、内窥镜治疗系统、传感器、高科技植入物、医疗信息系统等领域的领军企业现在都集聚在这里。

从德国整个经济环境来看，德国的医疗技术集群（MTC）在国内和国际上都是发展水平很突出的集群，但是与德国高调的汽车集群相比，新兴医疗技术集群尚未获取知名度，一直保持着"隐形冠军"的低调。统计数据显示：德国 66% 的医疗设备是用作出口的，也就是说，三分之二的收入来自海外。现在上海的生物医药集群正在快速发展中，Medical Valley 作为以医疗设备为发展重点的产业集群，在运营模式方面有以下七条经验可供借鉴。

1. 经验一：政府激励创新集群研发

作为欧洲最大的经济体，德国将其 GDP 的很大一部分用于促进科学研究，特别是生物医学研究、替代能源技术和高质量教育资金，以确保后代将有相同的创新机会。德国 2016 年的贸易与投资数据表明：聚集于 Medical Valley 的公司大多数致力于研发部门，在研发方面投入 9%—10% 的销售收入，以保持其在市场中的地位；所有公司基本上每三年就会推出新的产品，为患者提供新的或改进的医疗服务，以保持全球竞争力。其实，这与德国政府的激励分不开：首先，德国政府制定了 2020 年之前的高科技战略支持该国的创新技术集群，并敦促集群们在研发方面投入更多资金。其次，政府在创新企业之间制造良性竞争，以提高企业绩效及竞争力，政府出资为正在进行的创新项目提供催化剂，评选出的"领先集群"将获得约8 000 万欧元的发展基金。

2. 经验二：产学研的跨领域结合

在医药设备领域，各类知识资源的叠加效应催生成为技术支撑的多元化劳动力，带动地区知识型经济的发展。Medical Valley 的产学研网络非常活跃：这里有 65 家医院，每年接待病人超过 85 万人次，有强大的门诊部门，可以提供一流的医疗服务。医疗技术中央研究所 ZiMT，是埃尔兰根-纽伦堡大学（FAU）连接研究、教育和产业之间的纽带。由医疗技术领域的 70 多位教授参与领导国家级和国际顶级科研和教学。此外，这里还有 Fraunhofer 集成电路研究所和 Max-Planck 光科学研究所等 20 个研究机构，他们在该科技创新集聚区进行 45 个联合研发项目的有效合作，共同研究并获得 110 项专利和 220 多项科学出版物。

科技创新集聚区内的 FAU 大学的知识和技术转换办公室（WTT）与商界广泛合作，旨在把最新的研究成果快速转变为成熟的新产品和新服务，主要提供包括研究成果如何从大学分离等独立的相关咨询和支持服务，以及分离后的专利咨询和管理服务。

另外，这里还有医疗创新营，Medical Valley 不仅邀请专家，同样也欢迎拥有智慧的年轻人参与其开放式的创新过程。医疗创新营为企业提供机会，让跨学科和跨学院的团队帮助它们解决难题。团队中涉及问题相关领域（如医学，医疗技术，卫生经济学，健康促进等）的专业人才济济一堂，参与团队的学生除能获得奖金之外，还能在与当地企业和其他高校学子的交流接触中受益。

3. 经验三：充分发挥集群平台的优势

Medical Valley 成立集群平台，一切活动和项目旨在加强合作伙伴的创新能力，不断提高区域经济实力和竞争力。集群平台常常通过以下几个问题来衡量自身的服务水平：

* 在新想法的产生、新项目的开发和创业上是否提供支持服务？

* 有否申请研发资助金开发创新项目？

* 服务是否推动想法创意的商业化进程？

* 行为是否推动跨行业、跨学科的交流？

* 是否促进集群平台的学术交流，改善合作文化氛围？

* 是否重视促进有思维的人才？

* 是否帮助支持我们的合作伙伴与国际接轨？

通过园区提供的创新平台，当研发创新过程极具挑战性，企业在寻求与外界专业知识的沟通交流时，平台就可以汇集医疗技术及相关领域的创意思想并提出解决方案。同时，企业也可以通过创新平台快速进军国际高端市场、建立投资基金、在目标市场寻找合作伙伴等。

通过展会构建全球影响力。纽伦堡会展中心是由 Nürnbergmesse

集团全资建造的展馆，该集团在中国、北美、巴西、意大利和印度都设有分公司。全球的展会共约在 120 个国家举办国际展览和会议，以及在纽伦堡会展中心举办的展会。纽伦堡会展中心位于德国纽伦堡市，是世界上十五大展览中心之一，总展览面积约 16 万平方米，中心分布了 12 个厅。每年大约有 3 万多参展商来到展馆，高达 140 万人次现场观看。在纽伦堡会展中心国际参展商的比率是 41%，国际游客的比率是 22%。

4. 经验四：通过提供审批支持服务实现快速的市场准入

生物医药领域，最难的一关就是市场准入。这一方面牵涉到创新监管，另一方面也是创新成本。医疗市场的准入条件，因其高标准的监管规定显得极为复杂。因此创新者在市场化的最初阶段往往面临多方挑战，迫切需要专家意见等支持服务。因此，Medical Valley 为科技创新集聚区内的企业提供医疗器械的审批支持服务，设立与许可认证专业交流区（医药谷所有风险类医疗器械生产厂商联合会），为产品的上市审批保驾护航。

5. 经验五：加大对中小企业的支持

中小企业组织是德国经济的支柱，在中小企业更为宽松灵活的发展环境中，新的想法更容易冒出来，并促使企业持续改进，以最大限度地提高业绩能力，从而保持在国际市场的地位。但是，中小企业缺乏研发资本，特别是与大公司相比，除昂贵的设备成本外，由于严重依赖研发，中小企业倾向于将大部分员工分配到研发部门，这也会增加企业的人力成本。

为更好地支持中小企业，Medical Valley 允许科技创新集聚区内的中小企业使用 Fraunhofer 的医疗技术测试和演示中心（METEAN）、西门子成像科学研究所，来模拟新产品在早期阶段是如何在常规临床工作流程中发挥作用的。另外，德国大企业喜欢并购整合中小企业，超过 60% 的中小企业被德国国内的大公司收购。小企业数量多，增加了创新产品的数量，而大企业例如西门子和 Freudenberg（德科宝）就非常喜欢收购创新企业，然后在全球范围扩展创新产品，中小企业和大型企业的相互补充，使德国成为世界上十大最具创新性的国家之一。

6. 经验六：政府成熟的制度支持

德国政府通过提供不同的立法，如"版权法"、"专利法"和"设计法"，以及工业产权保护领域的主要权威 DPMA，为创新产品创造一个受到高度保护的环境，降低不健康竞争的风险，吸引许多外国投资者加入德国的医疗技术行业。

德国 MTC 的中小企业更倾向于将医疗设备的制造和研发本地化，而不是将流程外包到新兴市场。由于德国原材料和劳动力成本高，中小企业采用的这种制造策略导致制造成本增加。德国政府采用的"项目基金"战略，为企业提供不同类型的激励措施，如现金激励，以及针对本地和外国投资者的降低贷款利率。同时，在生物医药领域，通过投资公司对外国企业的决策进行控制或影响，既能够分担巨额投资带来的风险，也能吸引外国企业的创新资源和经验知识。以上这些举措都对创新产业集群产生直接的积极影响。

7. 经验七：重视高等教育和"学徒"培训

在欧盟国家，德国的高等教育学生人数最多，总计达到欧盟 27 国的 14.2%。而且德国的硕士、博士学生数量也处于欧洲前列，这使德国学生更能胜任创新市场的人力资源要求。

在 Medical Valley，80 多所大学研究院和高等应用科学学院聚集于此，重点研究和教授医学技术。丰富的受过良好教育的、高技能劳动力，能够为科技创新集聚区内的企业集群增加科技附加值。另外，德国还非常看重"学徒"培训，其中包括综合学徒和实习课程。大量的技术工程师和临床工程师，进一步推进医疗设备的研发，提升 Medical Valley 内医药创新产业集群的竞争力。Medical Valley 的亮点在于其独特的跨学科合作和全球跨学科研究，工程师和医生之间的合作是这里日常工作生活的一部分。

此外，由于德国在汽车行业的长年积累，拥有数量较多的经验丰富的工程师，统计数据显示，德国约有 190 万工人在工程领域工作，其中 100 万是工程师，并且 15% 的工程师有研发经历。德国制造业工程师的储备为医疗技术公司的发展奠定坚实的基础，这些公司可以很好地利用此项人力资源来改善研发部门。

综上所述，从全球范围来看，德国医疗器械的成本较高，因此打的是质量战，正是这七条经验使得德国纽伦堡医药谷能够通过提供最优质的医疗设备，实现与竞争对手相比的可持续竞争优势，最终难以被模仿取代。

（三）案例三：美国圣地亚哥模式

20世纪80年代以前，由于地理位置的原因，美国圣地亚哥的经济增长主要依托政府的国防投入。冷战结束后，美国政府削减军费开支，这座靠政府单方面输血的海军小镇在90年代初陷入经济停滞的局面。

然而，根据EDC报告，目前圣地亚哥聚集了超过115家拥有千名员工以上的大型基因检测企业，有超过1 100家生命科学领域的公司，每年创造大约318亿美元产值，成了名副其实的"基因之城"。《福布斯》（Forbes）曾在2014年赞誉圣地亚哥是美国最适合创业的地方。没有区位优势、没有政府补贴、98%的企业是小企业、人口还不到100万的这座经济停滞的小城市是如何成为全球顶级的生命科学之城的？圣地亚哥的运营模式值得借鉴与参考。

1. 政府助力产学研高效融合

因为地处偏远，发展之初圣地亚哥很难吸引到风险资本和大型医药企业，为了谋求发展，当地政府、企业和科研院校展开了紧密合作。早在20世纪60年代，有名的研发机构就已落位于此，然而研究机构与企业之间的合作效率不高。90年代初的调查显示：虽然近80%的企业已经进入当地研究中心，但只有42%对其知识转移效果表示满意，36%认为这些研究机构很少转移知识。研发的商用转换做得不够，导致大多数公司倾向于更实际的研发业务，这样当地公司可以从研发技术中获益更多。

1996年，促进学术研究和产业化之间互动的"产业—大学合作研究项目"（Industry University Cooperative Research Program，IUCRP）开始开展。政府拨款成立促进科技成果商业化的种子基金，也让企业家能够分享科研机构的专业知识、设备和经验。于是，精准医疗产业的种子就这样在圣地亚哥开始逐渐发芽。

圣地亚哥拥有 6 所大学、80 多个研究机构，这些研发机构力量强大，经济贡献为 46 亿美元。这些大学和研究机构持续性的研究产生大量的专利技术，这些专利技术是创新技术和新疗法的发展核心，也是从生物科技研究迈向商业化过程中最为关键的一步。如索尔克研究所（the Salk Institute），主攻从基因学角度控制病毒，并将这项技术运用到前沿的基因治疗中。这些学术与研究机构的研究成果间接带动当地形成科技创新集聚区，整体产值高达 144 亿美元，创造了超过 10 万个工作机会。

据统计，每年有大约 18 亿美元的联邦经费（含美国国卫院 NIH 经费）与慈善预算流入圣地亚哥。在某些年度如 2014 年，加州大学圣地亚哥分校甚至是全美获得最多 NIH 经费的地区，该校在医学、生物、工程与生理学等生命科学领域，排名进入全美前十名，其中生物科学专业更是排名全美第一。

2. 融生活与工作为一体的"大学城"

美丽的海滩，完美的天气和怡人的城市节奏，赋予了圣地亚哥独特的生活方式。这里生活配套完善，人们需要的一切都在 5 分钟车程或甚至步行距离之内：购物中心 Westfield Mall UTC 位于大学城的中心，商业配套齐全；这里有不少优秀的公立与私立学校，平均评分为 8.8/10，比如，广受欢迎的 Curie Elementary，表现远高于加州的平均水平；这里的房价稳定，物价较低。

美国三大生物科技创新集聚区里，波士顿拥有大型的制药与诊断服务公司，旧金山湾区物价、房价都很昂贵，因此，生物科技创新团队，特别是聚焦于基因体的创业者，往往会选择物价较低、生活便利、具有完整产业生态圈的圣地亚哥。

3. 共享与协作的创新文化

圣地亚哥培养了不少创业人才，造就了一大群公司，创造了一种信仰，即"科学可以改变世界，创造的技术可以对医疗行业做出巨大贡献"。这种积极共识随后从生命科学领域传播到更广泛行业，成为圣地亚哥独特的文化基因。圣地亚哥有很好的共享与协作的创新文化，每个人都乐于"互惠合作"，不少业界大咖接到创业者的电话就立刻到咖啡馆，帮创业者做免费咨询。合作尤其是跨界合作，往往会产生出创新的火花。

跨领域的新产业，如生命科学领域与高通（Qualcomm）所代表的芯片产业相结合的新兴产业，发展潜力巨大。例如 Edico Genome 的高科技创业团队跨界进入健康医疗领域，做起了高速基因检测芯片，成功向高通募资了 1 000 万美元。近年来，圣地亚哥的科技创新集聚区不断涌现具有广泛发展前景的新兴技术，吸引了全球的创投基金陆续为这里的生物科创团队注入资金。

4. 专业的创业育成组织

圣地亚哥经济另一成功的关键在于为整个地区服务的合作机

构，如 UCSD CONNECT、SANDAG 和 SDEDC。UCSD CONNECT 是 1985 年加州大学圣地亚哥分校设立的组织，目的就在于将研究成果应用于产业界，是圣地亚哥第一代的创业育成组织。UCSD CONNECT 在 2005 年成立基金会与协会，将产研结合、人才合作的范围从圣地亚哥扩大至全球。三十多年来，UCSD CONNECT 辅导成立的企业超过 2 000 家。UCSD CONNECT 经常不定期举办联谊会、企管讲座，聚集新创团队、创投基金、学术机构、律师与各产业代表，为圣地亚哥科技创新集聚区内的创新创业企业提供肥沃、优质的成长土壤。

随着区域经济的成熟，需要强有力的特定于集群的协作机构来促进供应商发展、专业培训、国际营销等。BIOCOM 是全球最大的区域性生命科学组织，拥有广大付费会员，其联合议价能力强大，进货折扣最高可达 40%—50%。BIOCOM 拥有自己的研究所，任务就是在基础研究与商业应用之间搭起桥梁。

此外，圣地亚哥还有很多中介合作机构，其中包括：促进区域政府甚至国际政府之间协调的机构、将大学研究所与工业部门联系起来的机构、将工业与军事联系起来的机构、各种商会和经济发展组织、工业理事会，如美国国家地理学会的地方分会等。如今，越来越多的年轻人才涌入圣地亚哥，这些年轻人都希望在城市环境中工作，于是越来越多的公司开始向圣地亚哥市中心迁移，市中心的地产开发被带动起来，出现了不少共享工作空间、孵化器和加速器、青年公寓等，如著名的 IDEA DISTRICT。圣地亚哥现在已经有了非常坚实的产业基础，其未来的发展目标是：持续吸引年轻的高科技人才，并让他们扎根下来，促进当地经济发展的"乘数效应"。

（四）案例四：伦敦创新社区

2012 年的伦敦奥运会成为伦敦开发新城的一个宝贵契机——奥运会举办地斯特拉特福（Stratford）因为奥运会，成了伦敦最具活力的文化教育和中央商务新区。坐落于东伦敦的伊丽莎白奥林匹克公园，曾是 2012 年奥运会的广播中心，为 2 万名记者提供服务。在伦敦奥运会之后，伦敦遗产开发公司（LLDC）制定了一项计划，将前奥林匹克新闻和广播中心周围的区域和建筑物转变为一个创新中心，即 Here East 创新社区。Here East 的体量有 10 万平方米，由三个独立的建筑物组成，是伦敦功能转型最成功的创新区典范。租户包括英国电信体育（BT SPORT）、伦敦大学学院（UCL）、拉夫堡大学、Infinity SDC 数据中心服务和哈克尼社区学院、福特汽车设立智能汽车研发中心、时尚零售商 MATCHESFASHION.COM 等。吸引超过 1 亿英镑的投资承诺；创造了 7 500 多个就业岗位，其中包括在园区内的 5 300 个就业岗位，当地社区的超过 2 200 个就业岗位；这一社区有力推动了长期的经济增长，创造了 4.5 亿英镑的 GDP。短短几年时间，Here East 从一个"奥运会记者站"成功转型为"创新社区"，这和其在运营模式上的突破是分不开的。

1. 打造多用途混合的创客生态系统

Here East 邻近哈克尼·威克（Hackney Wick），哈克尼·威克有着辉煌的制造业历史，已成为英国工业实力的代名词。今天，虽然当年的制造业实体已不存在，但许多建筑仍继续被设计师、科技人才、企业家创造性地使用，他们正在创造一种新的创客经济，这些越来越多的艺术家已经占据 700 多个工作室，形成繁茂的创客生态。正是因为这样的创客基础，福特汽车在 Here East 设立了智能汽车研发中心，以满足欧洲主要城市的智能汽车需求，同时 Here East 也吸引了拉夫堡大学入驻设立伦敦校区，该大学也是福特汽车长期以来的重要研究合作机构之一。此外，BT Sport、Infinity 数据中心、Studio Wayne McGregor、UCL、Ladbrokes Coral、SPACE Studio 创新中心这些大大小小的租户间逐渐产生复合联系，形成联系紧密的社区，而 Here East 也通过聚集全球领先的艺术、教育、创新资源，推动当地社区转型并巩固伦敦作为全球文化创意之都的地位。

2. 打造多个产业磁极

为什么这些顶级的机构会聚集在 Here East? 这就不得不说到其打造的多个产业磁极。比如，创新中心 Plexal，也是欧洲最大的创新生态系统之一，它坐落在 Press Centre 这栋建筑中，面积为 6 300 平方米，被精心地设计成一个小型城市，供大公司和小公司在体育、健康、时尚、智慧城市和物联网（IOT）等领域探索，或做加速、或做创新，而且 Plexal 的配套完善，有会议室、咖啡厅、创客实验室、活动舞台、商业街、中央公园和图书馆。目前，有超过 800 名会员聚集在 Plexal，共同想象、设计和创造能够改善人们生活中的互联网产品。

再比如，Here East 托管着一个数据中心，提供卓越的电力，从来自多个电网的 11 kV 电路来确保这里有欧洲最大、最高效的数据中心，现在，Here East 已成为全伦敦网速最快、效率最高的数据中心之一，科技创新集聚区内的所有租户及周边社区都能从中受益。

3. 打造便利的综合交通网

Here East 吸引的租户与人才希望公共交通便利，尤其希望是在地铁与轻轨附近。因为临近公共交通枢纽能让知识工作者降低开车通勤带来的机会成本。而 Here East 对自己的定义便是东伦敦的中心，这势必要打造交通基础设施的连通性，包括斯特拉特福德车站，10 分钟步行可达。斯特拉特福德车站是一个主要的公共交通枢纽，可直达 150 个地铁站，距离伦敦市中心铁路总站仅 7 分钟路程。同时，这里国际交通的联通性也很好，高速 1 号线可直达机场，进行国际连接；未来的欧洲主线将使到达欧洲大陆其他地区更为便捷。便利通达的综合交通网严密无缝地联系在一起，增强了 Here East 园区对创新型企业及各类人才的吸引力。

4. 采用智能方法管理园区开发时序

Here East 采用"智能批次阶段"（Smart Phasing）的方法对园区开发进行设计和排序，以便实现最大化的价值创造。Here East 的主要开发商是 iCity，iCity 成为这块地皮的主开发者后，他们做了一个概念总体规划，为这里奥运后的转型制定了具体愿景。iCity 的总体规划愿景是：将 Here East 打造成一个科技创新集聚区域，其中"制造商"，即创新的个人和推动技术边界的公司，可以共享专业知识、相互学习并创造产品。同时，首先签下 BT Sport 作为主力租户，通过跟 BT Sport 的接触，开发的节奏掌控得很好，为后续 Here East 的有序开发打下很好的基础。

（五）案例五：丹麦欧登塞机器人创新集聚区

欧登塞，这个人口不足 20 万的丹麦小城，有着世界上最强的机器人科技创新集聚区。这里聚集了 120 多家机器人公司，既有世界知名的大公司，如 ABB、FUNAC 等，也有本土诞生的明星企业，如 UR、MIR 等。欧登塞的成功公式是：**成功的机器人集群＝传统制造业的基础＋富有远见的先驱＋成功的故事＋集群的创新系统＋城市的品牌优势**。

1. 传统制造业的基础

成功的集群不是凭空产生的，需要长期的积淀，如强大的制造业传统，欧登塞就是一个拥有大量工厂的传统工业城市。早在 20 世纪 80 年代，欧登塞钢铁造船厂就是这座城市的骄傲，也是拥有

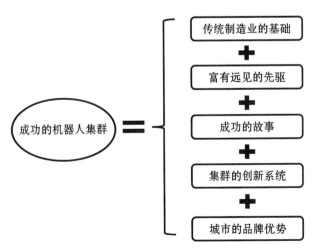

图 2.4　欧登塞的成功公式

6 000 多名员工的丹麦第一大公司，丹麦的世界巨头、全球最大的集装箱航运公司马士基，就在这里制造集装箱船，当时世界上最大的集装箱船都是在欧登塞建造的。后来，来自亚洲的更低成本的造船厂给丹麦带来巨大的竞争压力，欧登塞人引以为傲的造船厂在金融危机后倒闭了，但优秀的技术工人还在，传统制造业的多年发展为后来欧登塞转型发展机器人产业奠定了坚实的基础。

2. 富有远见的先驱

富有远见的人们开始关注工业机器人领域，做好了迎接新产业的准备。在 1993 年，当时的欧登塞钢铁船厂开始与南丹麦大学（SDU）合作开发机器人和机器人应用程序，因为他们已经看到，必须通过发展机器人才能打败来自日本的竞争。21 世纪初，欧登塞的经济大环境很不好。这时，当地政府助力，最终促成了 Maersk McKinney Moller Institute 研究所的成立。Maersk McKinney Moller Institute 研究所与澳大利亚教授约翰·佩拉姆在欧登塞大学开始了一个名为 AMROSE 的项目。一些有远见的研究机构大胆地从应用数学和分子模拟转向机器人焊接，AMROSE 项目发展得很成功。学术界的强项是从事基础研究，并培养更多的优秀创业人才，而该研究所后来帮助大学培养了不少成功的创新企业，如欧登塞机器人社区的领导者环球机器人（Universal Robots）。

3. 成功的故事

环球机器人（Universal Robots）是丹麦机器人领域的英雄，UR总部就位于欧登塞，在 2015 年麻省理工技术评论的"全球最智能的

50 家公司"中，排名第 25。UR 专注的细分领域是协作机器人，通常被称为 cobots，它也是这个领域的开拓者。现在 cobots 在工业自动化中是增长最快的，预计到 2025 年将占所有工业机器人销售额的 34%（增长 10 倍）。而 UR 在 cobot 市场占有 60% 的份额，是绝对的引领者。UR 公司的产业链上下游领域如机械臂等，为创业公司提供了新一波发展热潮。像 Ready Robotics、Fetch Robotics 和 Voodoo Manufacturing 等风险投资支持的创业公司，都在 UR 的机械臂领域构建了系统。

2015 年，UR 以 3.154 亿美元的价格出售给美国的测试设备供应商 Teradyne，这使得不少 UR 的员工成为百万富翁，这些人又将他们的部分资金再投资于欧登塞的新兴企业，UR 的成功故事不断激励着欧登塞机器人领域的广大创新企业和创业者们开拓进取。

4. 集群的创新系统

创新产业集群背后是创新系统，而不仅仅是大量企业的地理集聚。创新产业集群是多层次的，需要知识共享精神和所有利益相关者的参与；需要强大的技术教育体系支撑，不仅要不断提供创新人才，还需要不断研发解决当地问题的新方法；需要中介机构帮助解决技术转让问题；需要当地政府的激励措施，帮助初创公司的快速启动和扩大规模；需要资本的助力，如孵化器和风险投资公司等。而这些，在欧登塞都找得到。

迄今为止，欧登塞的机器人和自动化行业呈指数级增长，包括 120 多家公司，近 4 000 个工作岗位，40 个教育课程，还有不少孵化器、行业协会等。例如 RoboCluster，与当地的主要大学（南丹麦大学）和数百家机器人公司、研究机构以及其他国家的产业集群和创新网络携手合作。

2015 年 12 月，欧登塞机器人公司、丹麦技术研究所和欧登塞市政府推出了一项新的机器人启动加速器计划 StartUp Hub，为创业早期阶段的企业提供支持，助力企业与私人或机构投资者合作，实现从原型设计到融资和商业化的最短路径。

5. 城市的品牌优势

现在，如果一家机器人公司来自欧登塞，那么这家公司自然而然就会被看作是有"竞争力"的，欧登塞这座城市已经成为机器人领域创业企业的优势品牌。

在《国家竞争优势》中，迈克尔·波特认为，未来的竞争差距不再是资讯、智慧、努力方面的差距，更多的是环境、结构、体制方面的差距。在丹麦，因为人口总数少，没有庞大的国内市场，企业必须以客户为导向创新，为了争夺相对稀缺的资金支持，初创企业必须有非常强的价值卖点和发展弹性。即便如此，人才仍然是一个巨大的挑战，随着企业的发展壮大，其对人才的需求日益强烈。欧登塞大量的大学、培训机构开始开设机器人相关课程，并从周边城市、欧洲大陆，甚至全球吸引人才。为了让城市变得更具吸引力，能真正吸引来自世界各地的人才，近几年来，城市里新开设了 60 家新的咖啡馆和餐馆，城市的生活体验也变得越来越好，这些生活配套设施的发展也进一步地强化了城市的品牌优势。

第二节 中国科技创新集聚区运营模式的发展特征

科技创新集聚区的形成和发展是创新主体与创新环境、地方创新系统与全球创新网络相互作用的结果，其各自发展特征和态势因其自身地域性特征的差异性而具有独特个性的同时，不同城市之间也因发展路径的相似性而表现出相对一致的共性。

一、中国科技创新集聚区各发展阶段的运营模式

按照开发模式，我国的科技创新集聚区大致有如下三类（见表 2.1）。

表 2.1 中国的科技创新集聚区开发模式

模式类型	模式特点	代表性产业发展集团
政府主导模式	以政府为主导调动资源，协调规划建设、招商、财政等部门，园区开发公司作为政府工作抓手参与开发建设与招商运营	张江集团、苏州高新集团、东湖高新、华发集团、长沙经开集团、济南高新控股集团等
产业地产商模式	以地产开发商为主体获取土地，建设基础设施及载体，然后以租赁、转让或合资等方式进行项目经营和管理	华夏幸福基业、隆基泰和、中业慧谷、天安数码城等
产业主体开发模式	指在特定产业领域内具有强大实力的企业，获取大量的自用土地后建造一个相对独立的产业园区	海尔工业园、格力成都产业园、天士力现代中药产业园等

一般而言，科技创新集聚区的传统运营模式主要有三类：

一是免费模式。大多以促进经济发展和创造就业为目的，表现出很强的公益性和非盈利性，对符合当地产业定位要求的入园企业给予一系列优惠政策，包括免费购置房屋、免费租赁房屋、免费企业注册。

二是金融服务模式。设立产业化平台，有效地提升入驻企业的发展潜力，为入驻企业提供一系列的金融、资本、资金产品的支持，助力企业成长，包括：设立创业基金、股权投资、股权融资、贸易融资、授信融资、融资贴息、融资购房、融资租赁。

三是营销服务模式。科技创新集聚区通过构建多个产融互动的子平台，在运营中帮助中小型科技企业解决实际困难。

然而，科技创新集聚区，实际上是由于生产行为和交易行为带来的一种空间聚集模式，初期的聚集带来的相关功能需求和衍生经济行为，使得园区在不同的发展阶段有不同的聚集方式和空间特征，据此可将科技创新集聚区的发展进一步细分为四个阶段（见表2.2）。

表 2.2　科技创新集聚区创新发展四阶段

	园区 1.0	园区 2.0	园区 3.0	园区 4.0
阶段属性	要素集聚阶段	产业主导阶段	创新突破阶段	高增值阶段
核心驱动	政府政策优惠等外力因素	政府政策和企业竞争力双驱动	内部因素为主，技术推动	财富链驱动
产业聚集动力	低成本导向，政策优惠	产业链导向，整合要素，形成良好的上中下游产业链	创新导向	高势能优势导向
产业空间形态	纯产业区，单个企业或同类企业聚集	纯产业区，围绕核心企业产业链布局	产业社区，围绕产业集群同层布局	综合新城，城市功能与产业功能融合

（续表）

	园区 1.0	园区 2.0	园区 3.0	园区 4.0
主要产业类型	低附加值、劳动密集型传统产业	资金密集型产业，例：整车制造、电子通信设备制造业	技术密集型、创新型企业	科技创新型企业，高端现代服务型企业
园区功能	单一产品制造、加工	多种产品制造	科技研发、制造复合功能	现代化城市综合功能，产业及资本聚集功能
与城市的发展关系	基本脱离	相对脱离	中枢辐射	多级耦合

（一）第一阶段：要素集聚阶段

科技创新集聚区发展的第一阶段是要素集聚阶段（见表2.3）。

这一阶段主要由政府的优惠政策等外力驱动，由于优惠政策的吸引、生产要素的低成本导致人才、技术、资本的流入，但这一阶段的要素配置效率较低。在空间上呈现沿交通轴线布局。主要产业类型为低附加值、劳动密集型的传统产业，从事加工型、单一的产品制造与加工。园区增值方式为"贸—工—技"，主要依靠"贸易链"，即通过与区内外、国内外的贸易交换获取附加值。我国一些发展水平偏低的产业园区仍处于这一阶段。

表2.3　第一阶段：要素集聚阶段

	阶段性特征
发展阶段	要素集聚阶段
核心驱动	由政府的优惠政策等外力驱动
产业聚集动力	低成本导向，由于优惠政策的吸引、生产要素的低成本导致人才、技术、资本的流入，但要素配置效率较低

（续表）

	阶段性特征
主要产业类型	低附加值、劳动密集型传统产业
产业空间形态	纯产业区、在空间上呈现沿交通轴线布局，单个企业或同类企业聚集
园区功能	加工型、单一的产品制造、加工
园区增值方式	"贸—工—技"，其增值手段主要是"贸易链"，即通过与区内外，国内外的贸易交换获取附加值
与城市发展的空间关系	基本脱离
代表园区	国内一些发展水平偏低的产业园区尚处于这一阶段

（二）第二阶段：产业主导阶段

科技创新集聚区的发展第二阶段是产业主导阶段（见表2.4）。

表 2.4　第二阶段：产业主导阶段

	阶段性特征
发展阶段	产业主导阶段
核心驱动	内力外力并举，即政府和企业市场竞争力驱动双重作用
产业聚集动力	产业链导向，各种生产要素重新整合，形成稳定的主导产业和具有上、中、下游结构特征的产业链，具有良好的产业支撑和配套条件
主要产业类型	外向型的产业，其中以电子设备、通信设备制造业一枝独秀
产业发展需求因素	一定的配套服务和研发能力，这时期企业创新主要依靠外部科学机构和大学的支持，园区内企业自身创新能力较弱
产业空间形态	纯产业区，在空间上呈现围绕核心企业产业链延伸布局
园区功能	以产品制造为主

（续表）

	阶段性特征
园区增值方式	"工—贸—技"，其增值手段主要是"产业链"，可称为"高科技产品生产基地"
与城市发展的空间关系	相对脱离
代表园区	我国大多数发展水平较高的高新区基本都处于这个阶段

这一阶段内力外力并举，即政府和企业市场竞争力驱动双重作用，各种生产要素重新整合，形成稳定的主导产业和具有上游、中游、下游结构特征的产业链，具有良好的产业支撑和配套条件。主要产业类型为外向型的产业，其中以电子设备、通信设备制造业一枝独秀。这时期企业创新主要依靠外部科学机构和大学的支持，园区内企业自身创新能力较弱。在空间上呈现围绕核心企业产业链延伸布局。园区增值方式为"工—贸—技"，主要依靠"产业链"，可称为"高科技产品生产基地"。我国目前大多数发展水平较高的高新区基本都处于这个阶段。

（三）第三阶段：创新突破阶段

科技创新集聚区的发展第三阶段是创新突破阶段（见表2.5）。

这一阶段的核心驱动以内力为主，靠技术及企业家精神推动，产业聚集的动力源自创新文化。主要产业类型包括技术密集型、创新型产业、高速信息网络技术、生物技术、新型能源技术、新材料和先进制造技术等重要的新兴领域。这一阶段园区自身的创新能力不断增强，产业社区、上下游产业链之间开始产生协同效应，在空间上形成围绕产业集群同层布局。园区功能开始转向研发型、科技产业型、制造、研发的复合功能。园区增值方式为"技—工—贸",增值手段主要是创新链。代表园区包括中关村科技园、台湾新竹等。

表 2.5　第三阶段：创新突破阶段

	阶段性特征
发展阶段	创新突破阶段
核心驱动	内力为主：技术推动及企业家精神
产业聚集动力	创新文化
主要产业类型	技术密集型、创新型产业、高速信息网络技术、生物技术、新型能源技术、新材料和先进制造技术等重要的新兴领域
产业发展需求因素	高素质人才、较好的信息、技术及其他高新产业配套服务，园区自身创新能力不断增强
产业空间形态	产业社区，产业间开始产生协同效应，在空间上形成围绕产业集群同层布局
园区功能	研发型、科技产业型、制造、研发复合功能
园区增值方式	"技—工—贸"，其增值手段主要是创新链
与城市发展的空间关系	相对耦合（中枢辐射）
代表园区	中关村科技园、台湾新竹科学园、法国索菲亚高科技园区

（四）第四阶段：高增值阶段

科技创新集聚区的发展第四阶段是高增值阶段（见表 2.6）。

这一阶段主要产业类型为文化创意、科技创新产业及其他高端现代服务业。在空间上，城市功能和产业功能完全融合。园区具备复合型（事业发展中心——生活乐园）、现代化综合城市功能：产业的聚集地、人气的聚集区、文化的扩散区、资本的融通区。园区增值方式为"技—贸—工"，以研发中心、研发型产业、科技服务业为主体，其增值手段主要是"财富链"。园区与城市发展紧密融合，呈现多级耦合式。代表园区为美国硅谷。

表2.6 第四阶段：高增值阶段

	阶段性特征
发展阶段	高增值阶段
核心驱动	高价值的"财富级"要素的推动
产业聚集动力	高势能优势
主要产业类型	文化创意、科技创新产业及其他高端现代服务业
产业发展需求因素	高价值的品牌，高素质的人才资源，高增值能力和高回报率的巨额金融资本
产业空间形态	综合新城，在空间上，城市功能和产业功能完全融合
园区功能	复合型（事业发展中心—生活乐园）、现代化综合城市功能：产业的聚集地、人气的聚集区、文化的扩散区、资本的融通区
园区增值方式	"技—贸—工"，以研发中心、研发型产业、科技服务业为主体，其增值手段主要是"财富链"
与城市发展的空间关系	紧密融合（多级耦合式）
代表园区	美国硅谷

二、中国科技创新集聚区运营模式的发展趋势

整体来看，科技创新集聚区的运营要素如图2.5所示。

随着科技创新集聚区的主导产业，不断由传统产业向高新技术

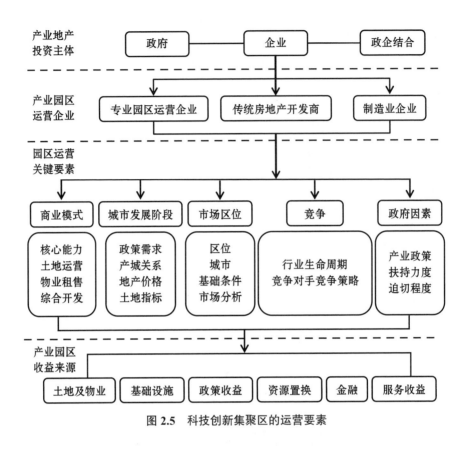

图 2.5 科技创新集聚区的运营要素

产业转型，使科技创新集聚区的运营发展趋势有以下五个明显的特征。

（一）由单纯的土地运营向综合的"产业开发"和"氛围培育"转变

科技创新集聚区的运营模式，未来必然从孤立的工业地产开发走向综合的产业地产开发，通过土地、地产项目的产业入股等方式，将土地、园区物业与产业开发结合起来。并且在打造一流硬环境的同时，加强区域文化氛围、创新机制、管理服务等软环境的建设，从单一的创新环境建设走向全方位的创新生态培育。

（二）从注重优惠政策向发展产业集群转变

从全世界高新技术产业的发展趋势来看，基本经历了由"单个企业—同类企业集群—产业链—产业集群"的发展演变路径，园区的优惠政策则逐步从向区域倾斜转变为向技术倾斜和向产业倾斜，从而通过集群化发展，激发出高新技术产业更大的能量。

（三）由加工型科技创新集聚区向研发型科技创新集聚区转型

由于科技创新集聚区功能的特殊性，决定了其适合打造前端性产业链（研发、设计、中试等），未来科技创新集聚区的发展在于比技术创新能力和技术转化效率。因此，中国的科技创新集聚区未来将逐步走向以研发中心、研发型产业、科技服务业为主体的研发型科技创新集聚区。

（四）从强调引进大型公司向科技型中小企业集群转变

随着高新技术产业系统化研发、交叉性研发的增多，使得科技研发与转化的复杂性日益加大，从而大规模研发的系统风险大大增加。而随着科技预测性和可控性的加强，在总体方向下，将研发课题市场化、模块化、专业化，充分利用小规模研究的灵活性，可有效分散风险和加快科技研发速度。

（五）由功能单一的产业园区向现代化综合功能区转型

现代高新技术产业的发展模式与传统工业的发展模式不同，智力资源密集、规模较小、信息数字化等，这些决定了新的科技创新集聚区功能的综合性，不再是单纯的工业加工和高科技产品的制造区，还要有配套的各类商业服务、金融信息服务、管理服务、医疗服务、娱乐休憩服务等综合服务功能。

※案例：河北廊坊香河机器人产业园

机器人作为现代工业发展的重要基础，已成为衡量一个国家制造水平和科技水平的重要标志。AGV 机器人、工业机器人等智能设备逐渐走进大家的视野，在各大小企业上岗工作；国内新一批智能制造工厂已经开始投入使用，短短时间内，全国机器人企业的数量超过了 800 个，大量龙头企业也不断地在机器人领域采买技术，收购企业，机器人产业发展迅猛，这让机器人产业园遍地开花。

河北廊坊香河机器人产业园已聚集太库科技、ATI、德国尼玛克、安川都林、汇天威、精波仪表、伊贝格，北京柏惠维康医疗、星和喷涂机器人等各类企业约 40 家。因为在机器人产业聚集、太库香河人工智能产业孵化器以及产业生态体系方面的突出表现，香河机器人产业港成功跻身 2017 年中国产业园区创新力百强之一。

1. 园区设计的适应性与灵活性

机器人企业，技术含量高，设备标准各异，一种厂房"户型"无法满足所有企业的特定尺寸生产需求。为此，园区调研了 300 多家机器人企业，总结归纳后制作了 5 种不同"户型"：既有方便研发的研发楼，也有便于产品测试的超长厂房，还有适于生产大型机器人的超高厂房等。

第一家与园区签订落户协议的企业是北京精波仪表有限公司。该公司拥有十几项自主知识产权，研发的智能雷达物位计被誉为机器人的"眼睛",达到国内领先水平。"我们的产品是机器人的核心零部件,其生产、测试都需要特殊的超长型厂房。虽然考察了多个地方,但他们要么没有,要么得大改造,不能很快投入生产。"精波公司采购部经理说,这里的厂房就好像是专门为他们企业量身定做的,不用改动,企业来了就能用。正因为如此,园区与精波公司接洽后,很快就签订了入驻协议。

2. "一个产业园就是一个产业集群"

园区通过用地模块化、建筑模块化设计,打造高适应性的用地组织模式和兼容性强的布局模式,多种标准的建筑厂房模块可满足企业的多种需求,企业可以选择独栋、双拼或者组团的入驻形式。也就是说,不管是什么规模,什么需求的机器人企业,都能在园区里找到合适自己的"家"。这样的产业办公环境,促进了企业之间的"互通有无",更有利于吸引产业生态链的各类企业,加快形成专业化产业集群。在这种模式下,入园企业可以在技术、设备、客户等产业链资源上进行共享和协同,实现 1+1>2 的良性循环,极大地推动产业集群的自我升级。

香河机器人产业园还引入了北京航空航天大学、河北工业大学的机器人研究所,为企业提供技术支持。专注于孵化器运营管理的"太库",为处在创业期的机器人企业提供一流的孵化空间并配备国际创业导师。未来,产业园还将持续投入资金,积极搭建公共服务平台,引进公共检测实验室、公用大型计算平台等,进一步完善机器人产业配套体系。

三、硅巷：科技创新集聚区运营模式的新探索

硅巷是现代创新创业载体的一种形态，诞生于互联网科技兴起的 20 世纪 90 年代，起源于纽约老城区，以无边界"城区化"创新中心建设模式，集聚了从曼哈顿下城区到特里贝卡区等地的移动信息技术企业群，被誉为继硅谷之后美国发展最快的信息技术中心地带。据纽约州发布的研究报告显示，全州 86% 的科技公司集聚在曼哈顿等"硅巷"地区。为给创业者提供更多创业空间和办公场地，纽约通过对传统工业厂房、废弃办公场地等存量空间改造升级，形成一批分散在城区内的科创社区、创业空间等创新载体，同时由社区提供多样化的商务配套服务。硅巷相较于其他科技创新集聚区，创新空间更加开放、更加容易获得，这大大增强其对资本、人才、技术的吸引力，快速形成集工作、生活、休闲于一体的创新综合体，有效解决老城区创新动力不足、产能不济、空间资源有限等问题，从而促进产业更新迭代、创新不断迸发。

在当前经济背景下，科技创新集聚区运营模式的探索是区域高质量发展的重要抓手，南京、西安、上海等地已相继开展"硅巷"建设，并取得显著成效。

南京秦淮"硅巷"紧贴城市原有肌理，依托区域内丰富的创新资源，盘活存量土地空间，按照**"空间、产业、模式"**三位一体综合运维思路，实现秦淮"硅巷"功能、结构、规模、品质的整体提升。空间提升方面，整合各方资源，形成院所司企联动发展的新格

局；产业发展方面，打造以芯片应用为引领，以航空航天科技研发为主导，以军民融合为特色的创新产业集群；模式创新方面，坚持"政府引导，平台支撑，市场化运作"总原则，多方联动共同发力，探索老城更新、旧城创新的新路径，将秦淮"硅巷"建设成为秦淮区建设创新名城示范区的核心引擎。截至 2019 年 5 月，秦淮"硅巷"初步构建起"一城一谷一带一片"空间格局，建设盘活科创载体 18 万平方米，已落地南京砺剑光电技术研究院等新型研发机构 9 家，新型研发机构已孵化企业 25 家、引进企业 6 家，"硅巷"内载体新引进科技型企业 50 家、人才项目 26 家、基金项目 3 家。

西安莲湖区倍格"硅巷"是由西安市莲湖区知名企业宏府集团与倍格生态联合打造的商住办综合体，倍格"硅巷"位于西安市莲湖区北大街 118 号宏府大厦，居于西安钟楼商圈核心，项目前身为大洋百货与家乐福超市，由于周边客观条件的限制，传统商业模式难以在此长久发展运营，百货与超市都因为经营不善撤场。在全省全市大力发展"双创"、"大众创新"、"万众创业"三个经济的背景下，倍格生态承接宏府大厦裙楼项目，以城市空间生态运营商为使命，以主题场景为空间载体进行商业升级，打造成为集众创空间、联合办公、办公配套、旅居公寓于一体的新场景创业生态综合体，打造出城市"硅巷"。未来其将结合莲湖区发展方向布局二期项目，打造西安首个**"多点联动、多元创新"**的"硅巷"园区新模式。倍格"硅巷"已吸纳入驻企业 400 余家，提供 2 800 个就业岗位，入驻率达 100%。

上海虹口"硅巷" 是科技创新中心建设重要支撑，聚焦人才项目引进、科技金融对接、互联网产业发展，以产业园区作为创新核心点，以完善的城区综合服务作为创新支撑面，通过改造老厂房、现有写字楼以及棚户区释放出来的空间，在大街小巷嵌入式地容纳创新创业者，打造混合型的科技创新特色区。最初成立了首批三家区科技创新创业服务驿站，包括半岛湾站、财大科技园站、交享越站，致力于打造虹口区内中北部地区 15 分钟科技创新创业服务圈。接着又以**"新建一批、改造一批、提升一批"**为主要实施路径和措施，继续推进"硅巷"载体建设。"新建一批"针对虹口区缺乏大体量的园区，新建了邯郸路科创综合体、信南地块北侧临港新业坊、丰镇路城市更新产业园等，解决产业发展规模问题；"改建一批"即对可建成产业园区的载体进行改造，改建了同济虹口绿色环保产业园、中科院健康科创园及环上大文化创意产业园等项目；"提升一批"即提升已有产业园的单位面积产出和内涵，大幅提升入驻企业落地率、产业集聚度、单位面积区级税收产出。

第三章　上海科技创新集聚区运营模式的发展特征

第一节　上海科技创新集聚区发展实践

2013 年，习近平总书记提出上海建设科创中心要求以来，科技创新中心建设"22 条"，深化科技体制机制改革"25 条"、建设上海市企业服务平台的实施方案、创业投资引导基金管理办法、推进研发与转化功能型平台建设的实施意见、科技企业孵化器税收政策、建设闵行国家科技成果转移转化示范区行动方案（2018—2020 年）等一系列政策举措相继出台。经过五年努力，科创中心"四梁八柱"基本形成，综合科技进步指数稳居全国前两位，天下英才加快集聚，新型产业加快发展，创新浓度加快提升，为科技创新集聚区的创新发展营造良好的发展环境。

科技创新集聚区的建设是一项系统工程，对标国际先进经验，制度建设是基础，创新需求是牵引，高质量成果是源泉，专业化服务是保障，专业型人才是核心。近几年来，上海不断深化科技体制机制改革，不断完善科技创新集聚区的创新体系建设，进一步打造更有利于科技成果转化的创新生态系统。

一、深化改革释放科研机构转化动能

2019 年 3 月 21 日，上海出台《关于进一步深化科技体制机制改革增强科技创新中心策源能力的意见》（沪委办发〔2019〕78 号），简称"科改 25 条"。4 月 25 日，配套政策《关于进一步扩大高校、科研院所、医疗卫生机构等科研事业单位科研活动自主权的实施办法（试行）》（沪科规〔2019〕2 号）、《关于促进新型研发机构创新发展的若干规定（试行）》（沪科规〔2019〕3 号）相继出台。

"科改 25 条"提出六个方面 25 项重要改革任务和举措。其中与科技成果转化有关的改革举措包括"深化高校、科研院所和医疗卫生机构科研体制改革"，"实施知识价值导向的收入分配机制"，"改革科技成果权益管理"，"加强高校、科研院所技术转移专业服务机构建设"，"优化创新创业服务"等方面。

上海高校、科研院所等科研机构按照改革要求，结合单位实际，制定了相应的落实政策。上海海事大学发布了《进一步深化科技体制机制改革增强科技创新策源能力实施细则》，明晰成果转移转化流程；上海市农业科学院修订和制定《上海市农业科学院科技成果转化实施细则（试行）》等系列办法，明确成果转化类型与范围、转化形式、科技人员收益奖励等内容。

2018 年，上海高校和科研院所科技成果转化包括技术许可、技术转让、作价投资和产学研合作（见表 3.1）。

表 3.1　2016—2018 年高校与科研院所合同情况

项　　　目	2016 年	2017 年	2018 年	2017 年 / 2016 年	2018 年 / 2017 年
高校、院所成果总体① 合同数（项）	6 410	11 837	15 471	84.7%	30.7%
高校、院所成果总体合同 金额（亿元）	23.80	49.83	96.38	109.4%	93.4%
高校、院所成果技术许可 合同数（项）	123	169	144	37.4%	−14.8%
高校、院所成果技术许可 合同金额（亿元）	1.09	2.99	22.27	174.3%	644.8%
高校、院所成果转让 合同数（项）	196	285	377	45.4%	32.3%
高校、院所成果转让合同 金额（亿元）	2.49	6.23	16.32	150.2%	162.0%
高校、院所成果作价投资 合同数（项）	8	47	40	487.5%	−14.9%
高校、院所成果作价投资 合同金额（亿元）	0.63	2.42	3.30	284.1%	36.4%
高校、院所成果产学研合 作合同数（项）	6 083	11 336	14 910	86.4%	31.5%
高校、院所成果产学研合 作合同金额（亿元）	19.59	38.19	54.49	94.9%	42.7%

数据来源：《2019 上海科技成果转化白皮书》。

———————

①　含技术许可、转让、作价投资、产学研合作。

从表 3.2 可知，2018 年上海高校以技术转让、技术许可和作价投资三种方式签订的技术转移合同数均多于科研院所，科研院所技术转移合同总金额高于高校。

表 3.2　2018 年上海高校和科研院所成果转化对比

	技术转让		技术许可		作价投资		小　计	
	合同数（项）	合同金额（亿元）	合同数（项）	合同金额（亿元）	合同数（项）	合同金额（亿元）	合同数（项）	合同金额（亿元）
高校	298	4.05	89	15.48	28	0.85	415	20.38
科研院所	79	12.27	55	6.79	12	2.46	146	21.52

数据来源：《2019 上海科技成果转化白皮书》。

2018 年，在沪教育部直属高校通过技术转让、技术许可和作价投资三种方式转化的合同数均高于上海市属高校（见表 3.3）。

表 3.3　2018 年上海高校成果转化总体情况

	技术转让		技术许可		作价投资		小　计	
	合同数（项）	合同金额（亿元）	合同数（项）	合同金额（亿元）	合同数（项）	合同金额（亿元）	合同数（项）	合同金额（亿元）
在沪教育部直属高校	231	3.80	69	6.90	23	0.31	323	11.01
上海市属高校	67	0.24	20	8.54	5	0.54	92	9.32

数据来源：《2019 上海科技成果转化白皮书》。

2018 年，中科院在沪科研院所以技术转让、技术许可和作价投资三种转化的合同数和合同金额高于上海市属科研院所（见表 3.4）。

表 3.4　2018 年上海科研院所成果转化总体情况

	技术转让		技术许可		作价投资		小　　计	
	合同数（项）	合同金额（亿元）	合同数（项）	合同金额（亿元）	合同数（项）	合同金额（亿元）	合同数（项）	合同金额（亿元）
中科院在沪科研院所	41	12.03	37	6.66	12	2.46	90	21.15
上海市属科研院所	38	0.23	18	0.13	0	0	56	0.36

数据来源：《2019 上海科技成果转化白皮书》。

2019 年上海市高校、科研院所、医疗机构等科研事业单位技术市场合同登记 22 232 项，合同金额 144.88 亿元，近两年科研事业单位技术合同登记数与合同金额平均增长率分别为 85.7%、90.1%。

二、发挥功能型平台集成效应加速技术转移转化

（一）上海市场化服务机构的技术转移服务模式

2017—2018 年，上海市场化技术转移服务机构数量从 80 家增加到 117 家，同比增长 46.3%；市场化技术转移服务机构仍处于快速增长阶段（见表 3.5）。

表 3.5　2018 年市场化科技成果转化服务机构概况

基本数据	2017 年	2018 年	同比增长率（%）
市场化机构数量（家）	80	117	46.3
总人数（人）	1 593	2 918	83.2
其中：专职从事技术转移人员数量（人）	817	1 135	38.9
技术转移人才引进数量（人）	120	189	57.5

（续表）

基本数据	2017 年	2018 年	同比增长率（%）
大学本科及以上人员数量（人）	793	2 033	156.4
其中：博士（人）	124	197	58.9
市场化机构营运收入（亿元）	6.18	14.82	139.8
其中：技术性收入占比（%）	26.0	47.0	80.8

数据来源：《2019 上海科技成果转化白皮书》。

各类科技成果转化政策为市场化技术转移服务机构带来发展机遇。2018 年市场化机构促进技术转移项目 1 851 项，较 2017 年增长 55.8%，以转让/许可方式转化的项目数和项目金额实现翻番（见表 3.6）。

表 3.6 促进技术转移项目成交情况

项 目	2017 年		2018 年		年增长率	
	数量（项）	金额（亿元）	数量（项）	金额（亿元）	数量（项）	金额（亿元）
促进技术转移项目成交（含转让/许可/作价投资/产学研合作）	1 188	13.07	1 851	24.14	55.8%	84.7%
促成公共财政投入计划项目成果转移	152	0.81	235	5.58	54.6%	588.9%
促成国际技术转移项目成交	248	1.90	314	2.07	26.6%	8.9%
以转让/许可方式转让项目成果	278	2.47	618	5.22	122.3%	111.3%
以作价投资方式转化项目成果	83	5.23	158	9.71	90.4%	85.7%

数据来源：《2019 上海科技成果转化白皮书》。

2018 年，市场化服务机构技术转移合同中单笔交易金额在 100 万元以上的转化合同数 193 项，共计 30.30 亿元。从技术转移服务商业模式划分，以传统佣金方式获得收益的转化项目数量最多，共计 111 个；以入股方式获得收益的转化合同金额最高，共计 17.29 亿元（见表 3.7）。

表 3.7　100 万元以上技术转移服务商业模式分类

技术服务收入方式	转化数量（项）	转化金额（亿元）
佣　　金	111	9.73
入　　股	44	17.29
其　　他	38	3.28
总　　计	193	30.30

数据来源：《2019 上海科技成果转化白皮书》。

从技术转移服务类型来划分，技术开发类服务合同金额最高，共计 13.12 亿元，技术服务与技术咨询类项目数量最多，共计 76 项（见表 3.8）。

表 3.8　促成 100 万元以上技术转移服务类型分类

技术服务类型	转化数量（项）	转化金额（亿元）
技术服务与技术咨询	76	6.32
技术开发	54	13.12
技术转让	37	6.95
其　　他	13	0.27
技术投融资	9	3.25
信息网络平台服务	3	0.23
技术评价	1	0.15
总　　计	193	30.30

数据来源：《2019 上海科技成果转化白皮书》。

2019年，上海科技服务业产出规模18 952.12亿元，同比增长20.3%；增加值6 609.50亿元，增速26.2%；占第三产业增加值的23.8%。2019年，从事技术转移服务的市场化机构117家，同比增长46%；促成技术转移1 851项，交易总额24.14亿元，同比分别增长56%、85%。2019年，技术合同登记审批事项办理时限由20个工作日缩短至7个工作日（实际平均办理时长4.2天），实现全程网上办理。

（二）培育各类研发与转化功能型平台助力科技成果转化

上海聚焦重大战略新兴产业领域，依托龙头企业、高校、科研院所等力量，按照"一台一策"的原则，全市已建成或培育各类研发与转化功能型平台近20家，旨在链接技术创新、产品开发、工程化生产、创业孵化服务等创新全链条，集聚和培育一批创新型企业，发展壮大若干战略性新兴产业集群。

表 3.9 功能型平台助力上海科技成果转化

领 域	功能型平台	功能与成效
人工智能	类脑芯片与片上智能系统研发与转化功能型平台	平台拥有AI芯片研发环境与技术支持、芯片与AI大数据试验支持、学术人才知识库以及创业与商业拓展支持四大核心能力，针对人工智能典型应用场景建设大数据试验场，为合作企业或团队提供技术研发、市场转化、业务拓展等全方位支持。
集成电路	上海微技术工业研究院	合同用户300余家，服务收入超过2亿元，与华为合作设立5G材料与核心器件研究院，在张家港市成立磁传感器创新中心，在临港新片区策划建设化合物半导体研究院。
	上海集成电路产业研发与转化功能型平台	整合相关科研力量，开展重大共性技术的联合开发，解决中国集成电路产业发展的核心技术问题，已为200余家IC设计公司提供设计、流片和测试服务支持。

（续表）

领　域	功能型平台	功能与成效
生物医药	上海生物医药研发与转化功能型平台	以加盟形式集聚全市 30 余家生物医药技术平台的资源，建设抗体药、生物药、细胞制剂等研发中试平台，累计提供研发服务 40 万次。

资料来源：《2019 上海科技成果转化白皮书》。

三、建设创新创业集聚区、科技成果转移转化示范区

（一）大零号湾全球创新创业集聚区

大零号湾全球创新创业集聚区以上海交通大学、华东师范大学为核心，建设集基础科学研究、前沿技术研发、科技成果转化为一体的

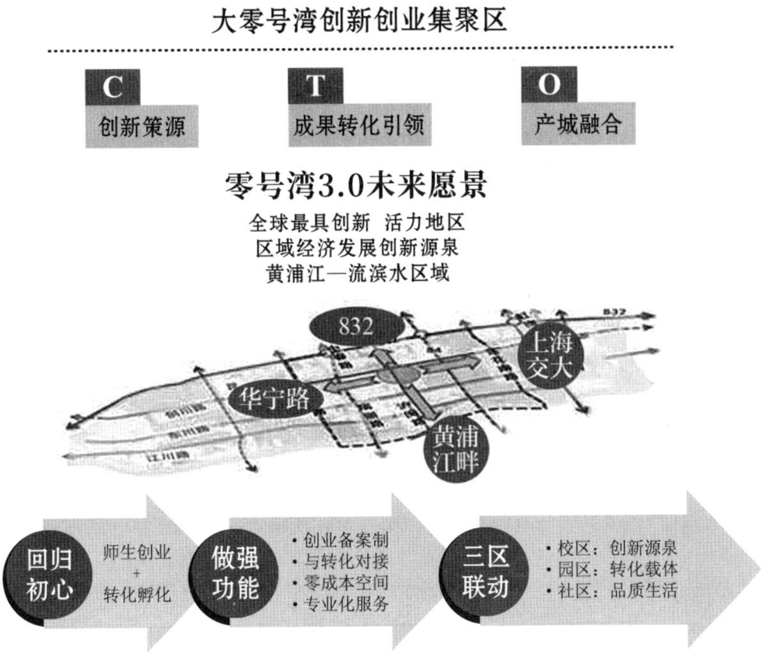

图 3.1　大零号湾全球创新创业集聚区

国际科技成果转化高地、"硬科技"创业首选地、高活力创新示范地；拓展产业承载功能，推进环上海交通大学、华东师范大学周边剑川路沿线及沧源科技园开放式创新创业街区建设，将传统工业园区转型为开放式创业社区，强化大学科技园承载成果转化和创新创业的功能。

目前，剑川路 930 号已集聚人工智能和医疗机器人产业项目，医疗机器人产业园、康养产业园相继开园；紫竹研发基地二期打造 122 万平方米的高新技术产业社区；规划建设 15.7 平方公里马桥人工智能创新试验区；打造 37 平方公里吴泾科技时尚特色小镇；与华谊、电气、仪电等国企合作，将 400 余万平方米的存量工业地块改造为成果转化基地。

（二）上海闵行国家科技成果转移转化示范区

近年来，上海闵行区聚焦"国际化网络建设"、"高校策源功能"和"军民技术双向转化"三大特色，建设科创中心成果转化承载区，探索成果转化新机制、新模式。

● **区校共建成果转化功能平台**，闵行区、上海交大共建上海交大医疗机器人研究院，建设智能人机交互研究中心等三大机构，开展跨学科前沿创新研究，与仁济医院等建立临床联合研究中心。与上海交大、临港集团、博康控股集团合作共建上海人工智能研究院、建设人机协作 AI 实验室、共性技术与研发测试平台等三平台，打造具有闵行特色的人工智能产业高地。

● **推进军民技术双向转移转化**，建设上海前瞻创新研究院，提升前瞻技术研究、军民两用关键技术攻关为核心功能，布局和遴选优质项目。多渠道筹建军民技术双向转化科创平台，与西工大合作共建创新协同中心，与哈工大合作共建创新研究院和加速器园区，与航天八院合作共建上海（航天）军民融合创新创业中心。

● **构建链接全球的技术转移网络**，闵行区政府、力合科创集团、临港集团共建国际科技成果转移转化中心和基地，加速全球顶尖科技成果汇聚及转化。探索"基地＋基金"模式，建设辅仁医药国际生物医药转移转化平台，推动海外优质生物医药项目落地；华东师大、以色列海法大学共建转化科学与技术联合研究院。引导支持外资企业建立产业创新中心，建立强生创新中心、印孚瑟斯技术创新孵化器、美敦力公司全球医疗创新加速器 MLAB 等。

四、以需求为导向激发科技企业创新活力

（一）创新挑战赛

引导企业开放式创新，是直接针对企业技术需求，面向社会集众智、谋良策、解难题，帮助企业解决实际问题。2019 年"第四届中国创新挑战赛（上海）暨第二届长三角国际创新挑战赛"在激发上海乃至长三角区域企业创新需求，链接全球资源，促进产学研合作、大小企业协同方面成效显著。截至 2019 年 12 月底，已挖掘 844 家企业 2 433 项需求，吸引 118 家服务机构，意向投入金额 140.6 亿元，提交方案 773 项。促成 381 项技术需求与研发能力（科技成果）成功对接，撬动需求方意向投入金额超过 22 亿元。

宝武集团建立"众研平台"，每年发布上百条创新难题公开"招

标"。安徽省招标集团、江苏中复神鹰碳纤维等企业"有机固体废弃物绿色高效处理技术"的共性需求精准对接上海治实合金科技有限公司的解决方案。江苏丹阳威尔机械有限公司提出的"焊接设备智能化升级"项目由上海核电集团及核工院联合解决。上海交通大学附属瑞金医院"人工智能辅助麻醉机器人"需求，最终由美国 GTM 医疗器械公司提供技术，浙江善时生物药械有限公司实现了对 GTM 的技术并购并负责资金支持、产品上市。

（二）科技创新券

科技创新券是利用财政资金，支持科技型中小企业、创新团队向服务机构购买专业服务的一种政策工具，旨在释放企业需求，降低创新成本、扩大服务市场，促进科技成果转化。科技创新券采取**"企业用券、机构兑券"**方式，支持企业和团队购买科技创新过程中需要的战略规划、技术研发、技术转移、检验检测、资源开放等科技服务。其中，科技创新券用于"软服务"（战略规划、技术转移）试运行 3 年，累计发放 10 240 万元，完成兑付 8 300 万元，节约企业研发成本 7.1 亿元，带动服务机构收入增加 2.7 亿元，实现技术交易近 18 亿元，带动产业投资超过 10 亿元。

"湾谷知识产权"帮助北漠景观幕墙开展科技战略规划和成果需求对接，实现玻璃幕墙的实时在线监控，销售额提升 2 倍，并投资 8 000 万元建立工厂。

"科创帮"助力杰达齿科寻找新的高附加值产品发展，开展国内外技术分析、搜索与合作路径筛选，并精准匹配到荷兰的一个技术团队，该技术可为企业带来超过 5 000 万元的新增营收。

　　"科技牛"为上海晨凤找到中科院上海技术物理研究所持有的航天领域红外控制技术，三方成立峰湃科技（上海）有限公司，红外线焊接设备成功实现产业化，接到市场订单 1 500 万元，红外 3 号机器人已完成量产，长江汽车电子、宁波均胜已采购使用。

表 3.10　上海科技创新券已开放的服务目录清单

服务类别	服务范围	可服务内容
A. 科技创新战略规划类	A1. 创新战略规划研究	A1.1 企业创新需求分析
		A1.2 技术 / 产品创新路线规划
		A1.3 成果 / 专利创新战略分析
		A1.4 企业创新战略规划
	A2. 企业竞争能力分析	A2.1 市场竞争情报分析
		A2.2 知识产权分析评议
B. 技术研发服务	B1. 研发设计服务	B1.1 工业（产品）设计与服务
		B1.2 工艺设计与服务
		B1.3 集成电路设计
	B2. 研发技术服务	B2.1 新产品与工艺合作研发
		B2.2 新技术委托开发
		B2.3 技术解决方案
		B2.4 中试及工程化开发服务
C. 技术转移类	C1. 技术评价服务	C1.1 价值评估
	C2. 技术交易服务	C2.1 技术成果推广
		C2.2 技术成果供需对接
	C3. 技术投融资服务	C3.1 技术投融资分析
	C4. 创新创业孵化服务	C4.1 创业孵化专业服务
		C4.2 创客孵化专业服务

（续表）

服务类别	服务范围	可服务内容
D. 检验检测服务	D1. 检验检测服务	D1.1 产品检验
		D1.2 指标测试
		D1.3 产品性能测试
	D2. 标准服务	D2.1 标准全文传递
		D2.2 标准评估
		D2.3 标准系统定制
	D3. 软件与信息技术	D3.1 软件评测
	D4. 集成电路服务	D4.1 集成电路封装测试
E. 创新资源共享服务	E1. 仪器设施设备共享服务	E1.1 大型科研仪器开放共享
		E1.2 科研基础设施开放共享
	E2. 文献情报服务	E2.1 竞争情报分析
		E2.2 科技查新
		E2.3 外文文献检索

资料来源：上海市科学技术委员会。

五、区域协同打造成果转化共同体

（一）G60 打造"中国创造"示范走廊

由上海松江，浙江嘉兴、杭州、金华、湖州，江苏苏州，安徽宣城、芜湖、合肥 9 地组成的 G60 科创走廊及其沿线，集聚龙头企业 845 家，产值 2.6 万亿元，全力打造科技与产业深度融合，科创驱动"中国制造"迈向"中国创造"的示范走廊。依托人工智能、集成电路、生物医药、高端装备、新能源、新材料、新能源汽车七大战略性新兴产业布局发展，上海科技成果沿 G60 加速转化落地。

（二）科技成果跨区域转化加速推动

2019 年，电子信息、生物医药和医疗器械、先进制造三大领域输出合同数和合同金额位居第一的都是上海，合同数分别为 5 498 项、3 815 项、2 138 项；合同金额分别为 234.51 亿元、49.13 亿元、35.55 亿元（见表 3.11）。广东省在承接上海电子信息的创新成果方面占优势；长三角在承接上海生物医药和医疗器械的创新成果方面优势明显。

表 3.11　2019 年上海三大领域输出合同金额前三位省市

合同类别	合同数（项）	占总数百分比	年增长率	合同金额（亿元）	占总额百分比	年增长率
电子信息	9 893	27.2%	37.4%	631.60	41.5%	33.4%
上海市	5 498	15.1%	37.3%	234.51	15.4%	63.4%
广东省	1 101	3.0%	58.0%	218.88	14.4%	72.9%
北京市	538	1.5%	46.6%	36.40	2.4%	30.3%
生物医药和医疗器械	6 664	18.4%	58.7%	137.40	9.0%	24.0%
上海市	3 815	10.5%	81.5%	49.13	3.2%	58.8%
江苏省	678	1.9%	41.5%	26.68	1.8%	33.2%
浙江省	450	1.2%	48.0%	12.43	0.8%	120.1%
先进制造	4 197	11.6%	82.3%	387.36	25.5%	47.1%
上海市	2 138	5.9%	73.4%	35.55	2.3%	−19.1%
吉林省	119	0.3%	190.2%	5.80	0.4%	578.9%
辽宁省	62	0.2%	55.0%	6.95	0.5%	628.0%

数据来源：《2019 上海科技成果转化白皮书》。

2019 年，上海流向外省市的技术合同总数为 15 013 项，占输出合同总数的 42.4%；技术合同金额为 689.07 亿元，占输出合同总金额的 66.3%（见表 3.12）。

表 3.12　近 5 年上海技术合同输出总体趋势

	2015 年	2016 年	2017 年	2018 年	2019 年
流向外省市的合同数（项）	7 284	7 164	8 244	8 927	15 013
占输出总数百分比	33.9%	35.3%	39.7%	42.9%	42.4%
流向外省市的合同金额（亿元）	192.30	364.70	427.30	534.30	689.07
占输出总额百分比	38.0%	60.0%	58.2%	55.4%	66.3%

数据来源：《2019 上海科技成果转化白皮书》。

长三角科技成果转化存在"天然市场"，在长三角一体化国家战略下，技术市场持续活跃。2019 年，上海技术合同输出至江浙皖 5 756 项，合同金额 204.89 亿元，同比分别增长 71.7%、18.6%；上海吸纳长三角技术合同 3 985 项，合同金额 91.14 亿元，同比分别增长 29.7%、71.6%。

从 2019 年上海技术合同流向来看，上海流向长三角的技术合同数高于环渤海和粤港澳地区。上海流向粤港澳地区的合同金额高于长三角和环渤海地区。2019 年上海技术输出合同数前三位的是江苏、广东和浙江，数量分别为 3 175 项、2 157 项、2 129 项。上海技术输出合同金额前三位的是广东、江苏、浙江，分别为 265.65 亿元、93.76 亿元、88.84 亿元（见表 3.13）。

表 3.13　2019 年上海认定登记流向三大经济圈技术合同数与合同金额

合同类别	合同数（项）	占总数百分比	年增长率	合同金额（亿元）	占总额百分比	年增长率
长三角地区	5 756	16.3%	71.7%	204.89	19.6%	18.6%
江苏省	3 175	9.0%	69.3%	93.76	9.0%	15.4%
浙江省	2 129	6.0%	77.0%	88.84	8.5%	9.2%
安徽省	452	1.3%	64.4%	22.29	2.1%	118.9%
环渤海地区	2 990	8.4%	60.6%	82.11	7.9%	−37.7%
北京市	1 966	5.5%	57.5%	53.24	5.1%	−41.5%
山东省	738	2.1%	65.8%	15.13	1.5%	−37.0%
河北省	286	0.8%	69.2%	13.74	1.3%	−18.9%
粤港澳地区	2 284	6.5%	59.9%	283.10	27.2%	75.3%
广东省	2 157	6.1%	66.6%	265.65	25.5%	87.3%
香港特别行政区	125	0.4%	3.3%	17.44	1.7%	35.3%
澳门特别行政区	2	0.0%	−83.3%	0.01	0.0%	−99.9%

数据来源：《2019 上海科技成果转化白皮书》。

● 科研机构拓展多种合作渠道。上海新微科技集团与蚌埠市探索"双城孵化、双城创业"新机制，选择在青浦区虹桥枢纽建立上海孵化创业基地。上海大学技术转移中心与慈溪市科技局试行"专家服务团＋签约教授"模式服务长三角区域企业创新。

● 国家技术转移东部中心发挥功能型平台优势，科技成果资源库内汇聚国内外成果 974 696 项（含海外专利成果 29 557 项，长三角地区 178 227 项）并对外开放。直接布局海外分中心 10 个，海外直接合作机构超过 80 家；长三角及其他国内区域建立渠道 18 个

（其中长三角分中心 12 个），集聚国内合作机构 322 个，2019 年促成各类技术交易 15 亿元。

● 一批市场化技术转移机构在长三角发展活跃。茄子烩、绿丞、科创帮、迈科技等一批机构的服务覆盖常州、南通、宁波、绍兴、苏州、江阴、连云港、舟山、宁波等地区，服务长三角企业转型发展。

六、推进"双向"国际技术转移合作

近年来，上海结合自身科技资源特点，积极开展"双向"国际技术转移合作。

（一）鼓励上海企业创新成果加速"走出去"

近几年，上海企业创新成果加速"走出去"步伐。

● **上海云拿智能科技有限公司**与英特尔公司开展深度合作，打造新零售计划，不仅在国内率先探索无感支付，"即拿即走"智能零售模式，同时积极进军海外市场，已获美国、日本、韩国、欧洲等多个海外市场合作意向协议。

● **上海奥威科技开发有限公司**的超级电容器技术已在保加利亚、以色列、奥地利、意大利、塞尔维亚、白俄罗斯等国落地推广。2019 年，上海奥威科技在丹麦奥尔堡市建立控股公司，6 月 11 日，搭载奥威超级电容系统的纯电动公交车在奥尔堡正式开通试运营。

（二）建设多模式的"国际技术转移协同渠道"

上海市已在全球 35 个国家和地区建立 46 个国际技术转移协同

渠道。

● **科研机构跨区域科技创新合作**。2019 年 9 月 26 日，中科院上海药物研究所和贝尔格莱德大学 IBISS 研究所倡议成立泛巴尔干地区天然产物与新药发现联盟，为地区沿线国家打通技术转移通道。

● **科技类社团等建立特色化的国际合作渠道**。上海半导体照明协会、上海增材制造协会等主要通过组织跨国专业展会等方式，建立国际交流与合作渠道。

● **市场化机构建立细分领域国际合作渠道**。容智、科技牛、牵翼网等机构聚焦人工智能、装备制造等领域，与海外研究机构、协会组织和企业开展合作。

● **建设全链条的"上海创新中心"**。2019 年 12 月 5 日，中以（上海）创新园正式开园，定位"联合创新研发 + 双向技术转移 + 创业企业孵化"，建设"上海创新中心（以色列）和中以（上海）创新园"。上海创新中心（以色列）由国家技术转移东部中心和雷哈维公司联合组建，在海法、特拉维夫、贝尔谢巴三地设立办公室。

● **构建国际技术转移平台**。国家技术转移东部中心在美国、加拿大、英国、法国等 10 个国家设立分支机构，探索重资产投资、合作共建、委托运营等多种经营模式，开展跨境技术研发、技术转移、技术投融资和技术先导孵化等。2019 年 12 月在临港新片区成立全球跨境技术贸易中心，探索建立国际技术贸易便利化服务平台。

综上所述，当前上海科技创新集聚区创新发展主要有以下三个方面的特点：

（1）"精准化"科技成果转化机制加速构建。《关于进一步深化科技体制机制改革增强科技创新中心策源能力的意见》（"科改 25 条"）及有关政策的实施，最大程度地激发科技创新集聚区各类创新主体的动力和活力，提升科技成果转化的效益、效果和效率。

（2）"区域化"科技成果转化体系加速健全。在长三角一体化上升为国家战略的大背景下，长三角一体化发展为上海科技创新集聚区的科技成果转化拓宽渠道、拓展空间，上海科技创新集聚区的科创要素也为长三角高质量一体化发展提供创新动能。

（3）"国际化"科技成果转化格局加速形成。上海科技创新集聚区的一批专业化、多模式的技术转移平台和机构积极拓展双向转移与双向孵化的海外渠道，国际技术转移网络进一步拓展和完善，正成为提升上海科创中心国际影响力和策源能力的主要途径之一。

第二节　上海科技创新集聚区运营模式的典型案例

一、张江模式

张江高科技园区作为上海四个开发区中唯一专注于科技创新的园区，经历了从一片荒地到闻名国内的"硅谷"的过程。张江高科技园区自设立以来取得了不俗的成绩，对研究中国科技创新集聚区的运营模式有着非常重要的意义。

张江高科技园区成立于 1992 年 7 月，紧靠陆家嘴金融中心，位于浦东内环与外环之间、虹桥机场与浦东机场连接线的中心交汇处，具有很好的区位优势。经过二十余年的高速发展，作为国家级高新技术产业园区，张江高科技园区已形成以生物医药、集成电路、软件为主导产业，文化科技创意、金融信息服务、光电子、信息安全为关联产业的产业布局。园区（张江核心区）最初规划面积 25 平方公里，分为技术创新区、生物医药产业区、集成电路产业区、科研教育区和生活区。2009 年张江高科技园区抓住南汇区划入浦东新区的机遇，2011 年扩大园区规模为 75.9 平方公里，主要包括张江高科技园区核心区、张江南区、康桥工业区、上海国际医学园、合庆工业园区、张江光电子产业园、医疗器械园和银行卡产业园。2017 年 8 月，上海市政府正式批复"张江科学城"建设规划，明确张江科学城规划总面积约 94 平方公里，具体包括张江高科技园区核心区、南区；银行卡园区、张江东区、康桥工业园区、上海国际医学园区和张江总部园区。现在张江高科技园区核心区的开发已基本完成，张江南区、康桥工业区、国际医学园处于开发阶段。

张江高科技园区近三十年的发展历程中，面临过土地稀缺、高科技企业吸引难、人才集聚难，以及科创平台搭建难等众多问题，通过剖析张江各阶段的发展历程，可以归纳出科技创新集聚区运营的一些有效模式。

（一）阶段一：启动阶段（1992—1998 年）

1990 年 4 月 18 日，中国正式宣布开发开放浦东，把浦东推向上海改革发展、对外开放的最前沿。1992 年 7 月，张江高科技园区开园，同时张江集团（原名上海市张江高科技园区开发公司）成立，统一负责张江高科技园区的土地成片开发、市政基础设施建设、高新技术转让及综合经营。1992 年成立的张江高科技园区开发公司（今张江集团）基本实现园区早期一级土地开发建设的功能：对内管理顺畅方便；对外作为实体企业，市场主体更加易于签约和融资。随后张江高科为吸引中小企业入驻、提高园区创新能力，于 1993 年注册成立"张江高新技术生产力促进中心"，也就是现今张江孵化器的雏形。

1996 年，张江集团为解决资金不足问题，成立"上海张江高科技园区开发股份公司"（简称"张江高科"），作为旗下上市融资平台。

2002 年，张江园区管理委员会的前身——张江高科技园区管理办公室正式成立，并第一次与张江集团分开办公。其职责是实施对区域内社会投资项目的审批和管理、履行政府服务和监督的职能。

（二）阶段二：聚焦阶段（1999—2010 年）

1. "聚焦张江"战略明确园区四大主体功能

20 世纪 90 年代中期，经济技术开发区高歌猛进的同时，张江园区的招商引资却十分困难，少有高新技术项目（企业）入园。为继续发展张江园区，抓住集成电路产业转移的契机，上海市委、市政府于 1999 年 8 月颁布**"聚焦张江"**战略决策，明确园区以集成电路、软件、生物医药为主导产业，**集中体现园区研发创新、孵化创业、转化辐射和机制创新四大主体功能**。孵化创业和机制创新是有效促成技术创新区的外在先决条件，研发创新和转发辐射是项目/企业入驻后的侧重发展方向。孵化创业作为其中之一的主体功能，进一步被突出和强化。浦东新区管委会于同年 10 月决定在张江园区内建设 1 平方公里的张江技术创新区（简称"张江技创区"），目标是建设"中国最大孵化器"和"技术创新示范区"。首创"政策引导、企业建设、政府租用、创业者受益"的"BOO 模式"，为支撑和引领张江园区建设发挥示范作用。

1999 年，上海市地方财政收入仅为 431.8 亿元，而当年固定资产投资总额需求超过 1 852 亿元，为解决资金和运营难题，浦东新区在张江技术创新区投资建设运营中首创了**"BOO 模式"**（Building-Owning-Operation），即**"建设—拥有—经营"**，承包商根

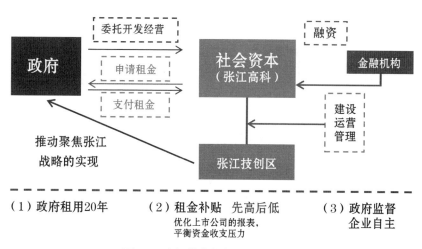

图 3.2　张江技术创新区 BOO 模式

据政府赋予的特许权，建设并经营某项产业项目，但是并不将此项基础产业项目移交给公共部门。

该运营模式的优势在于：政府部门既节省了大量财力、物力和人力，又可以在瞬息万变的科学技术发展中始终处于领先地位，而企业也可以从项目承建和维护中得到相应的回报。BOO 模式在当时开创了政府与资本合作投资、建设运营高科技产业园区的先例。

2. 龙头企业带动上下游产业链企业集聚

（1）**集成电路产业**。2000 年中芯国际和华虹宏力两大集成电路龙头企业落户张江园区，吸引集成电路上下游产业链的中小企业网络集聚，促进张江集成电路产业发展，形成张江集电港。张江已成为中国最大的集成电路研发、制造基地，拥有国内最先进的集成电路制造、设计和研发工艺。

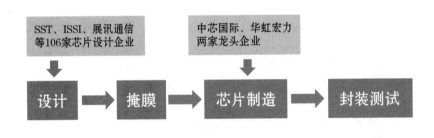

图 3.3 张江集成电路产业链

（2）**生物医药产业**。1996 年"上海国家生物医药产业基地"落户张江，以此为契机，"聚焦张江"大力发展生物医药产业，10 年内集聚了 42 家大型生物医药企业、120 余家创业企业落户张江，并吸引上海中医药大学、中科院上海药物所等31家研发中心入驻园区。分别形成上游研发产业、中游生产创新产业、下游制药产业3个生物医药产业集群，带动配套企业入驻园区。但新药开发的长周期性和高风险性加剧了生物医药产业利润的不确定性，由于张江正处于生物制药的前期研发阶段，还未进入大规模的产业化时期，因此从经济效益来看，张江生物技术产业整体上处于亏损状态。

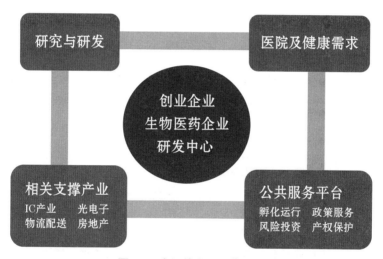

图 3.4　张江的生物医药产业

3.浦东软件园大力发展软件产业

1992年，上海市政府与机电部签订部市协议，共同建设上海浦东软件园，自此中国开展建设软件园。政府在软件园的规划、建设过程中起到了关键作用（见图3.5），张江开始形成软件产业集群。

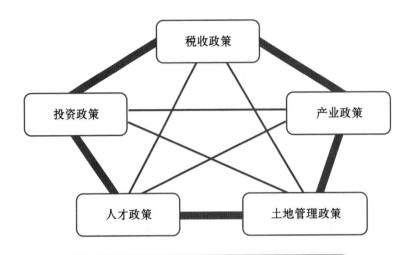

图 3.5 政府支持软件园区的主要措施

资料来源：上海浦东产业经济研究院。

张江高科技园区的软件产业主要以浦东软件园、国家信息安全成果产业化（东部）基地和集电港为载体。浦东软件园发展迅速，仅用六年其收入就超过了 70 亿元、从业人数超过 1.1 万人。目前除为园区内各行业提供技术支持外，业务范围已涵盖软件开发、电子商务、数据通信、信息安全、芯片设计、软件出口、金融证券、医药、电信等各个领域。

4. 完善投融资体系减少中小企业发展阻力

2002 年，张江技创区的市政配套及房产开发如期完成，建成建筑及公共设施面积约 10.2 万平方米，其中包括孵化楼、创业公寓、写字楼、体育休闲配套设施等，为入驻的中小高科技企业的孵化和发展提供了平台。园区、浦东新区为吸引创新人才和创新企业、鼓励技术创新出台相关优惠政策。园区为解决中小企业资金问题，通过直接投资组建风投公司、吸引境外风险基金、组建担保公司来吸引社会和银行资金，形成**"一个体系，五条路径"**的投融资服务：

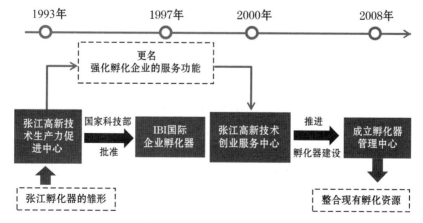

图 3.6 张江孵化器发展历程

"一个体系"是指以产业引导基金、风险投资基金和其他投融资方式相结合的较完善的投融资体系；"五条路径"是指政府基金、园区产业引导基金、风险投资机构、知识产权质押融资、银行贷款五条园区企业可以进行融资的渠道。

张江孵化器构筑**"预孵化器—孵化器—加速器"**三位一体的全程孵化体系（见图 3.7），做到"张江的事不出张江就能办结"。

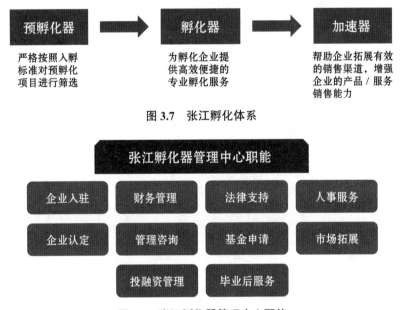

图 3.7　张江孵化体系

图 3.8　张江孵化器管理中心职能

5. 引入上海光源，吸引科研机构入驻，由制造集群向创新集群发展

张江园区于 2009 年引入"上海光源"科学装置。同步辐射自20 世纪 70 年代投入应用以来，显示出具有其他光源不可替代的优异性能。一台高性能的同步辐射光源可供不同学科的几十个用户同

时使用，不但利于学科间的交流和促进，而且可产生辐射效应，形成新的科学和技术的生长点。截至 1995 年，中国拥有三台同步辐射装置，即北京同步辐射装置（BSRF）、安徽合肥国家同步辐射实验室（NSRL）和中国台湾新竹同步辐射研究中心（SRRC）。1999 年 7 月，张江高科技园区无偿提供 300 亩建设用地，中科院和上海市政府共同出资建设光源装置（SSRF）。2009 年，上海光源工程顺利竣工并向公众开放。

上海光源为中国的生命科学、材料科学、环境科学、信息科学、物理、化学、医学、药学、地质学等多学科的前沿基础研究，以及微电子、医药、石油、化工、生物工程、医疗诊断和微加工等高技术的开发应用，提供了不可替代的先进实验平台。以生命科学为例，80% 以上的工作需要在第三代同步辐射光源上进行，所以上海光源已成为中国生命科学前沿研究不可或缺的大科学设施。通俗来讲，上海光源相当于一个超级显微镜集群，能够帮助科研人员看清病毒的结构、材料的微观构造和特性。在 2003 年出现 SARS 疫情不久，中国科学界就利用同步辐射光成功测定了 SARS 病毒主蛋白酶的结构，为抵御 SARS 病毒的药物研制提供了重要信息。

近几年来，上海光源所具有的科研支撑和人才集聚效应，吸引大量一流科研机构入驻。园区逐渐由单一"制造集群"向**"制造集群 + 创新集群"**发展。

（三）阶段三：双自联动阶段（2011 年至今）

2011 年，张江高科技园区被确定为**国家自主创新示范区**。2014

年，成为上海自贸试验区的五个片区之一。**"双自联动"**给张江带来了新机遇：**更高的开放度、更低的创业成本**。其中包括：服务业进一步扩大开放，引进具有全球视野和专业经验的科技服务机构；资金流通更加便利化，扩大本土科技企业资金供给的同时，支持境外投资并购活动，进一步降低企业的融资成本；在贸易方面，进一步改进生物医药研发企业较为关心的特殊物品检验检疫便利化措施；等等。通过这一系列措施，张江的集成电路产业、生物医药产业等可凭借其在国际上的领先度，争取更多国际资源，借助自贸区增强其在亚太地区的竞争力和影响力，从而加速实现张江创新集群的国际化。

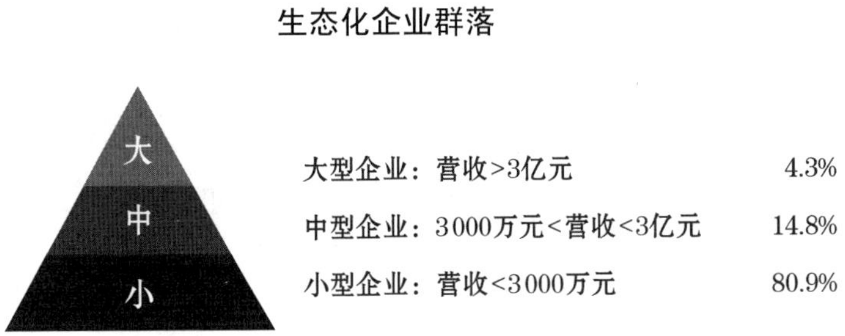

生态化企业群落

大型企业：营收>3亿元		4.3%
中型企业：3000万元<营收<3亿元		14.8%
小型企业：营收<3000万元		80.9%

图 3.9 张江高科技园区生态化企业群落情况

资料来源：《张江高科技园区发展情况汇报》。

当前，张江正在建设的"一心、两区、一城"，即综合性国家科学中心、具有全球影响力科技创新中心的核心承载区和"双自联动"改革示范区以及世界一流的科学城。张江园区正推动清华大学、北京大学、复旦大学、上海交大、中科大等高校在张江设立创新中心，实施一批重大研发项目，催生一批原创性重大基础研究成果。

园区内现已形成**生态化企业群落**，大型企业占 4.3%，中型企业占 14.8%，小型企业占 80.9%（见图 3.9）。

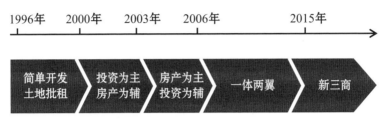

图 3.10　张江高科运营模式的战略重点演变历程

2015 年，张江园区开始培育新的运营模式——**"新三商"**（即科技地产商、产业投资商和创新服务商），以科技投行为发展导向，着力打造新型产业地产运营商、面向高科技产业整合商和科技金融集成服务商，园区的盈利模式由"土地红利"向"资本红利"和"创新红利"转变（见图 3.10、图 3.11）。

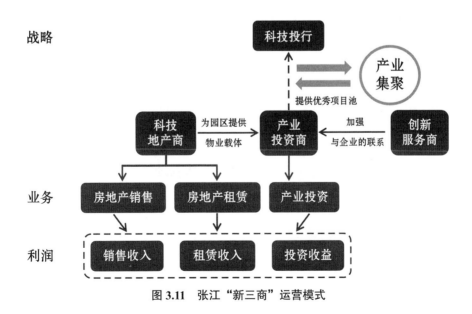

图 3.11　张江"新三商"运营模式

所谓"新三商"运营模式，即：在产业地产上，张江高科着力盘活存量资产，尤其是处理效益较低的功能性资产，为投资业务提供资金支持；增量资产上，尝试轻资产化扩张，以基金操盘模式扩展区外产业发展空间，提升产业地产业务效益；产业投资上，以"投资一批、股改一批、上市一批、退出一批、储备一批"，使张江高科的投资业务形成良性的持续滚动。

二、杨浦模式：大学校区、科技园区、创新城区的联动发展

作为上海老旧工业密集的中心城区之一，杨浦区由三十年前的"工业摇篮"转变为今天的"知识创新区"，以科教为契机，成功走出一条运营模式探索之路。全国创新型试点城区、双创示范基地、上海市科创中心重要承载区，上海最大的科技产业孵化器、最多国家大学科技园所在地……今日的杨浦已成为大学创新的代名词，知识创新的种子也早已在这片土地上深深扎根。

一百年前，杨浦是上海乃至中国近代工业的发祥地，第一家水厂、第一家煤气厂、第一家火力发电厂等一批具有里程碑意义的工业建筑，均诞生于杨浦，直到 20 世纪七八十年代杨浦工业总产值还占上海的四分之一。然而 90 年代随着上海转型升级的飞速发展，传统产业逐步淡出，杨浦的国有企业从鼎盛时期的 1 200 多家下降到200 家，产业工人从 60 万降到 6 万左右，工业总产值占上海的比例也从 70 年代的 25% 下降到 2008 年的 3% 不到。彼时的杨浦从中心城区的优势行政辖区已到了被边缘化的地步，连年倒数的 GDP、持

续的失业率，再加上城区空心化的加剧，让杨浦与其一江之隔、高楼鳞次栉比的陆家嘴形成鲜明对比。大片滨江优质土地被老旧工业占据，大量危棚简屋集中，拆迁成本高、更新难度大，此时的杨浦面临着前所未有的转型压力。

百年的工业成为历史，百年的大学经久不衰。在 60.61 平方公里的杨浦区域内，有 17 所全日制高等院校，占全市三分之一，其中，上海最好的 10 所大学有 4 所布局在杨浦，复旦大学、同济大学、上海财经大学、上海理工大学成为杨浦的资源优势。硅谷经验让杨浦看到转型发展的希望。最早的加州湾区除了风光优美、适合度假以外，没有任何的产业基础。然而，当斯坦福大学落户后，在其周边兴建的斯坦福大学工业园，以知识资源为源头、以工业园为桥梁嫁接起高校与社会的联系，再加上互联网蓬勃发展的机遇，才有了众多科创企业集聚的硅谷。

从 2000 年开始萌芽，到二十多年后的今天，杨浦知识创新成效显著，走出了一条杨浦独创的高校园区、科技园区、创新城区三区互动融合、创新发展之路。

第一步：明确目标，一切围绕知识创新，制定《杨浦知识创新区发展规划纲要》。这部纲要标志着杨浦开始由传统工业杨浦向知识创新杨浦转型，从优化城区空间结构着手，重塑大学校区、科技园区和杨浦城区的关系，明确城区空间布局为"两片、一线、一带"：其中，西片以创智天地为核心，以复旦、同济、上海财大、二军大（现海军军医大学）等高校为支撑；东片以上海理工大学、上海水产

121

大学（现上海海洋大学）、上海电力大学等高校为支撑；"一线"是创智天地与复兴岛之间的创业走廊；"一带"指滨江发展带，即以亲水游览、工业博览、科技商务、知识社区为主要内容的现代服务业功能带。整部纲要体现了杨浦知识创新发展的决心，从当时杨浦区委、区政府提出的"三个舍得"更能体现出杨浦转型发展的迫切：要舍得腾出最好的土地支持大学就近就地拓展；舍得把好的商业和地产项目让出来建设大学科技园；舍得投入人力、物力整治和美化大学周边环境。

第二步：搭建创新载体，围绕大学建设科技园，为高校成果产业化提供创新平台。 杨浦积极筹建大学科技园，已建成 14 家，包括复旦、同济 2 个国家级大学科技园，1 个国家级软件园、1 个国家级科技企业孵化基地和 9 个专业化大学科技园，总面积达 47 万平方米。上海杨浦科技创业中心是上海中心城区最大的国家级科技企业孵化器，获得"上海十家最具活力科技创业园"称号；复旦科技园已初步形成以信息技术为特色的大学科技园；以同济大学国家大学科技园为主体，同济大学周边已形成 20 万平方米创意设计产业带。这些大学科技园为高校的扩充发展、师生的创业就业提供重要发展载体，促进高校科研成果的产业化。

第三步：以重点项目联动高校与企业，构建向下有高校自主创新源头，向上有龙头企业带动，中间有创业企业支撑的知识创新生态体系。 杨浦与香港瑞安集团联手，借鉴美国硅谷的发展模式和法国左岸的创新氛围，在五角场地区投资 100 亿元，建设了一个占地

1 260亩的开放型、国际化的创智天地项目，成为汇聚各类创新要素、高端机构和中介服务的公共服务平台，吸引了甲骨文、百度等一批世界知名科技公司入驻。创智天地的建成为知识杨浦打造了名副其实的城市名片，短短不到500米的大学路，不光是高校通往企业的道路，更为大量学生创业提供成长的良好环境。创智天地的跨国研发中心与科技总部园让杨浦与国际接轨，逐渐形成向下有高校自主创新源头，向上有龙头企业引领带动，中间段有创业企业成长支撑的杨浦知识创新生态体系。

第四步：配套完善，五角场城市副中心的更新升级与新江湾城国际社区的建成，实现知识创新生活服务的就近安置，杨浦人才集聚效应显著。五角场一直以来都是杨浦区的商业中心，近几年来随着知识杨浦的大力推进，客群主体开始主要面向高校大学生，从万达地下商业的改造，到合生汇综合体的建成，无一不显示出只有面向年轻群体的商业类型才是五角场区域最需要的商业配套。新江湾城国际社区的建成，完善了整个五角场区域的居住配套，人才公寓、高端社区，一改杨浦老旧小区的居住印象，以生活配套改善吸引人才扎根杨浦。

第五步：以知识创新为方向，促进老旧工业园更新升级，为低门槛创业添砖加瓦。近几年来，一个个老旧工业园区因为知识杨浦的契机焕发新的活力。位于上海市杨浦区长阳路1687号的Campus科技园，占地11万平方米，聚集了约1.8万人在此办公，吸引了斯坦福大学、哥伦比亚大学、清华大学等全球知名高校的创业者，入驻了流利说、爱驰亿维、智能云科等 150 家双创领军企业和众多创新型中小企业。以长阳创谷为代表的这类更新改造园区，改造后园区空间时尚，富有创意感，具有浓厚的创新创业氛围，受到年轻创业群体的青睐，同时也解决了杨浦老旧工业厂房改造的老大难问题。在促进老旧工业园更新升级的同时，也为降低年轻群体的创新创业门槛添砖加瓦。

第六步：完善公共服务平台，实训基地、创新学院、投融平台，让杨浦知识创新拥有多维保障。围绕共建双创示范基地这一主题，杨浦区委、区政府与复旦大学、同济大学共同召开杨浦创新创业论坛，成立五角场创新创业学院，进一步加强产学研对接，为创业者和赋能方搭建更加有效的合作平台。搭建技术转化平台、关键技术研发平台、创新中心在内的 49 个双创重点项目。在国家发改委重点支持下，加快推进国家技术转移东部中心、北斗高精度位置服务平台、中国工业设计研究院等功能平台建设，希望促进关键技术研发共享和科技中介有效集聚，引领产业升级转型。

杨浦的知识经济走到今天历时二十多年，为以科教为源头的知识创新提供了一条切实可行的发展路径。独创的大学校区、科技园区以及创新城区的三区联动运营模式，不仅调整了产业结构，开辟了经济增长的新领域，同时在推动老旧工业更新升级方面也发挥了重要作用。今日的杨浦已从"工业经济"转型升级为"知识经济"，未来杨浦将继续发挥优势，进一步发展"创新经济"。

第三节　上海科技创新集聚区的运营经验

一、高校院所的创新机制运营探索

（一）案例一：确权前置，优化科技成果转化流程

上海海事大学于 2019 年 9 月 29 日印发《关于进一步深化科技体制机制改革增强科技创新中心策源能力实施细则（试行）》的通知，其第十七条规定："在不影响国家安全、国家利益和社会公共利益前提下，开展赋予科研人员职务科技成果所有权或长期使用权改革。允许学校和科研人员共有成果所有权，授予科研人员可转让的成果独占许可权。科研人员主要利用学校物质技术条件所完成的科技成果，学校通过内部规定或者与科研人员的约定，明确科技成果归属"，开始了科技成果权属三大探索与实践：

> **权属从纯粹的国有变成国家、个人混合所有；**

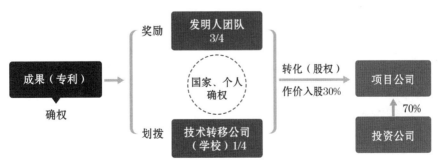

图 3.12　上海海事大学确权前置模式

> 将先转化后确权（确的是股权）改变成先确权后转化（先确的是知识产权）；

> 把奖励权变成专利权。

（二）案例二：三位一体，构建成果长效转化机制

近几年来，**中科院上海微系统与信息技术研究所**深化体制机制改革，先后制定完善"鼓励技术转移和成果转化工作条例""成果转化股权类收益管理和分配管理办法""中科院上海微系统所工作人员兼职管理办法"等规章制度；建立了"研发平台＋成果转化产业化平台＋投融资平台"三位一体的协同创新体系。

【体制机制改革与分配机制创新】"科改25条"发布以后，微系统所进一步强化体制机制改革和分配机制的创新，即以研发团队为主，兼顾单位和转化管理人员的分配方式。对技术转让和使用许可方式取得的净收益，70%给团队（其中50%以现金方式给项目主要完成者和对成果转化作出贡献的人员，20%计入课题组横向自主

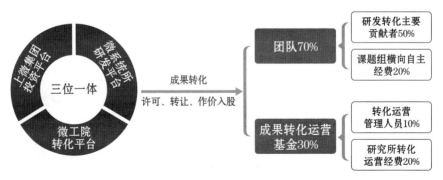

图 3.13　上海微系统所三位一体加速转化，合理分配长效激励

经费），30% 列入研究所成果转化运营基金；对在转化过程中作出重要贡献的管理人员，给予净收益 10% 的奖励。这一举措兼顾了微系统所与创新团队当前和长远的利益，以及科研、管理、转化等人员的不同贡献。

（三）案例三：医工协同，形成技术转移闭环生态

上海市第九人民医院搭建独具特色的知识产权与成果转化服务平台，形成"以高价值专利为核心，向前覆盖专利挖掘与布局、向后延伸到转移转化"的规范体系。2019 年根据"科改 25 条"修订了医院成果转化管理办法，明确可在成果转化净收入中提取 10%，用于提升医院成果转化能力和激励参与的专业技术人员。设立技术转移专业岗位，为技术转移人才提供晋升通道，并在转化中确立"项目跟踪制、分工合作制、分类标准制、专家研讨制"的服务保障机制。

【医工交叉平台与体系建设】九院通过交叉平台与体系建设，完善从实验室科研成果的产生到知识产权保护，从概念验证到转化方式的落实，从生产应用到收益获得的全链条服务，多方协作，协同推进。近几年共转化专利 41 件，转化金额约 1.32 亿元。创新举措包括：设立支持知识产权申请的"科技成果孵化基金"和支持创新产品试制的"创客基金"；设立"3D 打印滚雪球专项基金"、"医疗机器人专项基金"和"交叉研究基金"，助力医工交叉创新研究；建设涵盖九院科技创新相关专业和环节的临床研究中心、生物样本库、再生医学产品 GMP 车间、3D 打印中心、动物实验中心等，从思想碰撞、专利布局、小样试制、动物实验、中试、检测、伦理辩护、临床试验到技术转移的全链条，形成闭环管理的生态系统。

（四）案例四：双向转化，助推科技与产业深度融合

华东理工大学为加快科技成果转化，形成"共享"为特色、"许可"为主要形式的成果转化机制，探索实践与企业深度融合的"科技成果双向转化"新模式。近三年，该校技术许可项目超百项，合同总金额超过 8 亿元，新建新型校企联合研发机构 22 家。

【正向转化链】高校研发形成科技成果，与企业、市场需求相结合，通过技术开发、工程化应用等完成成果转化。华东理工大学在化工、材料、生工、信息、药学、机械等方面积累了一批先进技术，通过产学研合作和专利许可转让等，向产业界转化。近几年来，

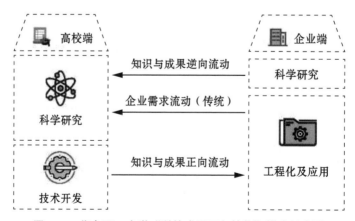

图 3.14　华东理工大学"科技成果双向转化"模式示意图

依托"单喷嘴冷壁式粉煤加压气化关键装备开发及应用"核心技术，联合中石化集团，统筹苏浙沪皖四地科研能力、人才优势和产业资源，通过"上海研发制造、浙江工程设计、江苏示范运行、安徽落地生产"，改变了"淮南煤"无法工业化利用的历史。

【逆向转化链】企业将科技成果和创新思想向高校输入，与高校技术积累相结合进行后续开发。学校吸收具有"企业基因"的科技成果，与"华理基因"的原创成果进行择优互补技术开发，培育"超级水稻"式的创新成果。上海凯赛生物技术研发中心将其国际领先的生物基材料技术输入高校，学校整合化工、材料、生工学科对原始研发成果进行技术开发，形成可工程化的应用成果，打造知识与成果由企业向高校逆向流动的新格局。

二、大企业和园区的开放式创新运营探索

（一）产学研协同推进大企业开放式创新

中国宝武"众创空间"——吴淞口创业园（Wesocool），是中国宝武钢铁集团有限公司旗下全资子公司，其定位是：依托大企业的产业优势和辐射能力，建设一个专业化众创空间，对内激发企业员工的创新潜力，对外吸引社会的创新资源；构筑宝武特色的"平台层—孵化层—应用层"三位一体的孵化体系和开放创新模式，打造国家级"双创"示范基地；基于宝武开放式科技创新平台，发布上百条集团内企业的创新需求，已有 82 项签订合同，合同金额8 201 万元。

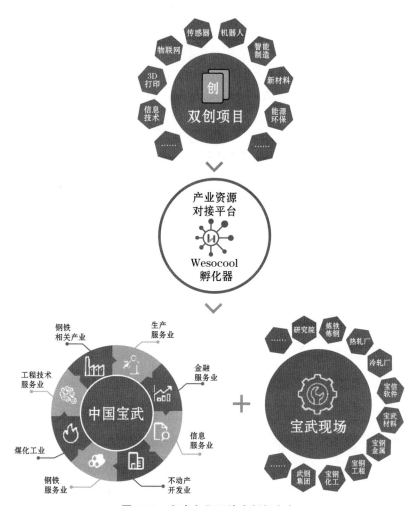

图 3.15 宝武企业开放式创新生态

中国宝武的智慧制造，需要一个成本低、可靠性高的特殊传感器；因士科技具有这项最新技术，但没有应用场景。在创业园开放式创新平台的支持下，因士科技与宝钢化工、宝信软件和宝钢研究院能环所等单位开展项目合作，使该单项技术成为工程化集成技术，并在宝钢化工实现首台套应用。宝钢化工和因士科技已签署合作协议，向全行业进行推广，因士科技为此完成 PRE-A 轮融资。入驻创业园的贺力液压机电有限公司的节能技术通过平台对接了宝钢加热炉的节能需求，创新成果开发者与宝武的技术人员共同解决了科技成果在具体应用领域的工程化问题。节能技术首次应用于一台加热炉，创造价值（节约）1 000 多万元；目前正在陆续推广至宝钢的 10 多个加热炉，并有望复制到全国的大型钢铁企业。

（二）大企业协同制造创新服务模式

InnoSpace 隶属于上海创派投资咨询有限公司，是专注于早期项目投资孵化和大企业产业创新的创业社区，旗下包括创业孵化器、产业加速器、创新院、创投社和天使投资。

2015 年开始，InnoSpace 引入大企业协同制造创新模式，帮助大企业实现高效转型和模式升级。一方面为大企业提供专业化服务，重组其内部开放创新的生态；另一方面引入外部创新资源，提供大企业对外开放创新的运作支持。主要有以下三种运营模式：

（1）利用大企业品牌效应，搭建发布平台，形成"产业需求发布—外部团队投递方案—双方合作—解决大企业自身技术难题"的路径模式；

（2）通过项目数据选送、精选项目路演、创新大赛遴选等方式向大企业推送优质项目，最终形成大企业投资创新项目开发，或大企业和创新团队合作开发的路径模式；

（3）InnoSpace 与大企业共建创新中心，将大企业、创业团队及社会相关资源整合起来，创造新的产业方向和产业机会。

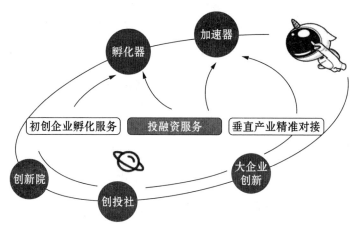

图 3.16　InnoSpace 生态

三、市场化机构打造的特色专业化服务模式

（一）容智：创建"四维空间"模式

上海容智知识产权代理有限公司聚焦医院、核电、大飞机、建工等细分领域服务需求，建立以企业开放式需求为导向、全球技术搜索能力为助力、技术匹配综合服务为载体，成果回落需求端为目标的"国际化、闭环式"成果转移转化运营体系——"四维空间"服务模式。2019 年，为上海电气核电集团有限公司共建"上海能源与高端装备技术转移转化平台"，以技术需求为核心点，以产业设备为储备，以产业技术能级提升为目标，打造立足上海、辐射国际的开放式双向成果转化平台。

第一维：通过机制引导，释放企业研发需求，形成需求端的开放式创新源头；

第二维：通过团队多年来积累的技术搜索和分析能力，面向国内外开展技术搜索和情报搜索，精准定位技术；

第三维：借助大数据和人工智能手段，形成有效技术匹配，建立 IP 保护网；

第四维：采用市场化运营模式，以个性化服务为原则，通过商业模式策划和资源匹配，将技术引入需求端，实现成果落地。

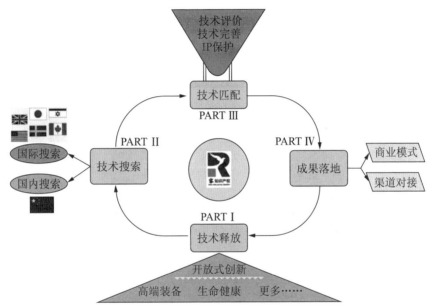

图 3.17　容·知识产权基于开放式创新的国际技术转移模式

（二）湾谷：推行技术转移全方位服务

上海湾谷知识产权代理事务所为企业提供以知识产权服务为轴心、从企业创新研发到科技成果转化的全系列服务，为企业提供科技情报、知识产权托管运营、技术转移、金融对接、法律服务等一揽子解决方案。经过 3 年探索，湾谷在技术转移领域实现了多项模式创新。

【"研—选—投—控"技术转移服务模式】"研—基于知识产权的行业分析和研究、选—基于采用定性和定量相结合的方法、投—疏通企业投融资渠道、控—科技合作流程管控"。该模式用于上海奇想青晨新材料科技股份有限公司开拓涂料和油漆市场，取得良好成效。

【"企业技术转移决策三步法"的情报服务模式】设计了五款针对性强的情报服务产品。

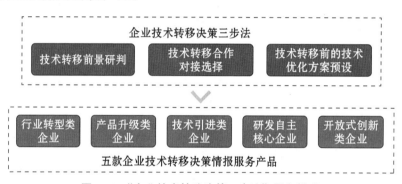

图3.18 "企业技术转移决策三步法"服务模式

【"铁三角"式的技术转移服务团队构成模式】

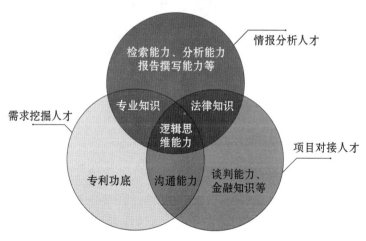

图3.19 湾谷铁三角技术转移团队模式

（三）盛知华：致力高价值专利挖掘

上海盛知华知识产权服务有限公司是在中国科学院上海生命科学研究院知识产权与技术转移中心的工作基础上组建，专业从事生物医药领域知识产权管理与技术成果转移咨询服务。盛知华的核心优势在于对发明和专利进行早期培育和全过程管理，以提高专利的保护质量和商业价值为重心，在此基础上进行商业化的推广营销和许可转让，在许可转让价格和合同谈判时保护专利和技术拥有人的利益，规避潜在风险。

【服务模式】通过发明评估、专利价值培育、专利质量管理、技术熟化增值、全球范围精准化推介、协调受让方内部评估、交易估值定价、合同谈判与合同履行监督等"八步法"为客户服务。

【交易近况】盛知华至今已主导完成约 30 项技术转移交易，总合同金额超过 20 亿元。2019 年，最新完成的成果转化案例许可合同金额高达 8.28 亿元，该案例是将一项早期抗体药物平台发明的部分专利使用权许可给一家中国医疗科技公司。

四、新模式、新载体驱动的跨境技术交易

（一）积极开拓境外孵化新路径

上海创新中心波士顿（上海波士顿企业园），在上海市和美国马萨诸塞州政府的共同推动下启动，由中美合资公司负责管理运营（中方持有 49% 股份，美方持有 51% 股份）。

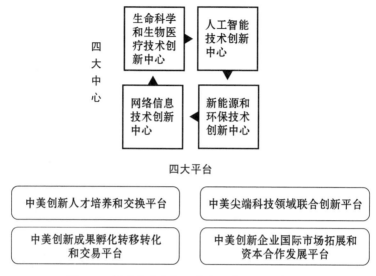

图 3.20 波士顿产业园四大产业中心四大功能平台

【"1+4+4+N"建设模式】具体包括"一个实体园区物理空间载体的购置与装修，四大中美服务交流功能平台的搭建与运行，四大重点产业领域创新中心的打造与交流，以及根据政策环境需要适时开展 N 项中美间科技领域对话与合作。基于此，累计导入超过 33 个美国一流研究机构和创新中心；推动并促成 47 个美国企业和机构与中国企业展开创新技术和项目合作，促成投资总金额超过 1 600 万美元；带来创新成果和知识产权累计超过 152 个，覆盖人工智能、生物医药、医疗设备、新能源及环保技术等领域；在科技创新创业领军人才及团队引进方面，建立创新顶尖人才资源库，包括 18 位诺贝尔奖获得者、57 位著名教授和超过 65 位创新企业和机构领导。

【建设美国技术交易平台】2019 年，园区在美国各级政府支持下，与美国创新界、企业界和投资界携手合作，全力打造美国国际技术交易所。该交易所将与上海技术交易所全面对接，加速上海成为全球创新网络枢纽。美国国际技术交易所已与 26 个美国各大联邦实验室和美国顶尖大学的技术转移中心及美国各个产业领域的 220 多家企业达成合作，目前已汇集超过 520 项科技研发成果和专利。

（二）围绕"一带一路"沿线国家布局国际技术转移渠道

上海半导体照明工程技术协会聚焦半导体照明及相关领域，积极布局海外国际技术转移渠道。在拉脱维亚里加（辐射中西欧）、捷克布拉格（辐射东欧）、中国上海（辐射亚洲）设立"一带一路"国际技术转移展示中心和办事处，每年组织企业走出去，赴"一带一路"沿线国家参与国际科技展会，开展技术合作交流与技术转移相关工作。

图 3.21　上海半导体照明工程技术协会技术转移模式

2019 年，上海半导体照明工程技术协会成功为善研光电（上海）有限公司定制海外设厂方案，提供技术需求对接服务；经过多轮磋商与会谈，确定与沙特阿拉伯国际投资方 Integrated Lighting Co.Ltd. 合作在利雅得设立工厂；12 月，与外方负责人阿布杜拉曼·卡迪加（Abdulrahman Khadija）签订合作协议，由外方提供场地、资金，占股 60%，中方提供研发团队、技术许可、技术支持、生产技术指导，占股 40%，重点面向公共照明、景观照明、商业照明等领域，填补了当地 LED 制造业的空白，正式投产后年产值将达 2 500 万元人民币。未来，上海半导体照明工程技术协会计划以该合作模式为蓝本，以利雅得为支点，进一步辐射中东诸国。

第四章 上海科技创新集聚区运营的瓶颈问题

上海的科技创新集聚区在快速发展的同时，主要面临以下四个方面的瓶颈问题：营商环境有待改进、企业经营负担较重、企业融资环境有待改善以及人才优势面临挑战。

第一节 营商环境有待改进

一、不同规模民营科技型企业对营商环境的关注点

当前，上海已进入高质量发展阶段，必须依靠创新驱动发展。在上海科技企业中，民营企业数量占比超过九成，是上海创新发展的主力军。近年来，为促进民营科技企业创新、健康、可持续发展，中共中央办公厅、国务院办公厅印发《关于促进中小企业健康发展

的指导意见》(2019 年 4 月)、科技部、全国工商联印发《关于推动民营企业创新发展的指导意见》的通知（2018 年 5 月），科技部印发《关于新时期支持科技型中小企业加快创新发展的若干政策措施》的通知（2019 年 8 月）等文件。

民营科技型企业是上海创新经济发展的中坚力量，通过具体分析不同规模科技型企业对营商环境的关注点发现，**大型企业更看重"政府守信度"，中型企业更看重"科技创新投入"，小微企业更看重"政策公平性"**（见图 4.1）。

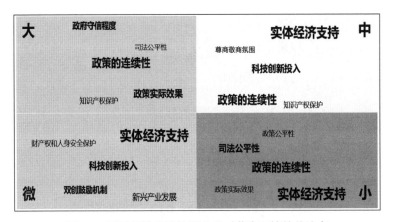

图 4.1　不同规模的科技型企业对营商环境的关注点

资料来源：零点有数 & 大商学院《2019 中国民营企业营商环境评价与期待研究报告》。

"政策连续性"受到企业家的高度重视但恰恰被专家所忽视。在企业看重的营商环境要素中，排名前三位的分别是"实体经济支持力度""政策连续性"以及"双创鼓励机制"，而专家视角下的前三位则是"新兴产业发展扶持力度""实体经济支持力度"与"双创鼓励机制"，"政策连续性"的排位非常靠后（见图 4.2）。这说明对于

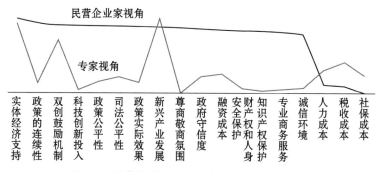

图 4.2　民营企业家视角和专家视角的权重对比

数据来源：零点有数 & 大商学院《2019 中国民营企业营商环境评价与期待研究报告》。

站在市场前沿、直接参与市场竞争的企业家来说，再好的政策如果连续性得不到保障都不能构成对营商环境的有效支撑。

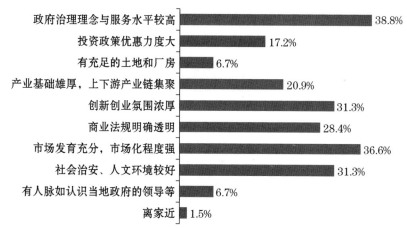

图 4.3　上海民营科技企业 [①] **选择经营企业的城市时最看重的因素**

数据来源：零点有数 & 大商学院《2019 中国民营企业营商环境评价与期待研究报告》。

———————

①　本报告中的民营科技企业，是指上海新经济行业（包括新一代信息技术、智能制造、大健康、数字创意等）的民营企业。

141

调研数据显示，针对上海民营科技型企业的企业家"选择在该城市经营企业最看重的因素是什么"这一问题，38.8%选择了"政府治理理念与服务水平较高"，36.6%选择了"市场发育充分，市场化程度强"，而"创新创业氛围浓厚"和"社会治安、人文环境较好"并列第三，占比均达31.3%（见图4.3）。

为了更好地分析在营商环境建设上，当前政府与市场在要素配置中发挥作用的孰轻孰重，本研究引入了"市场力"与"政府力"概念。分数结果显示，在营商环境建设上，市场力得分55.47分，政府力得分65.03分，说明**政府力在当前营商环境建设上占据更主要的地位，而市场力的作用则有待加强**。

从政府力来看，通过将政府力解构为"找政府""谈政策"与"稳规则"三个部分，分别用"政府响应度"、"各类扶持政策力度"以及"政策稳定性"来测度，这也是政府力作用于营商环境的三个

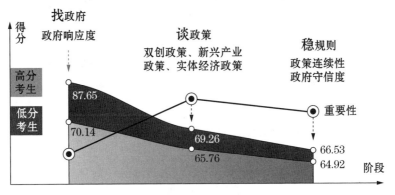

图4.4　政府力各环节的评价得分

数据来源：零点有数 & 大商学院《2019中国民营企业营商环境评价与期待研究报告》。

步骤顺序。研究结果显示，"找—谈—稳"中，"找政府"分数最高，"稳规则"分数最低（见图4.4），再结合指标的重要程度，政府力在发挥优化营商环境作用中，下一步应当着力提升"谈"和"稳"的部分。

从市场力来看，通过将市场力解构为"市场容量"、"产品竞争力"、"人才队伍"以及"融资环境"四个部分，还原了一家企业进入新领域时在决策上所考虑的重大事项。研究结果显示，"人才队伍"的得分显著低于其他三个部分，而"融资环境"的得分则在民营经济发达省份和其他省份之间有显著差异（见图4.5），也就是说，随着市场力的提升，整体上要解决"人才队伍"问题，重点关注融资环境。

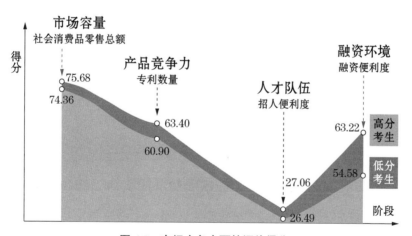

图 4.5　市场力各方面的评价得分

数据来源：零点有数 & 大商学院《2019中国民营企业营商环境评价与期待研究报告》。

因此，营商环境建设应当从企业的视角出发，深度关注不同类

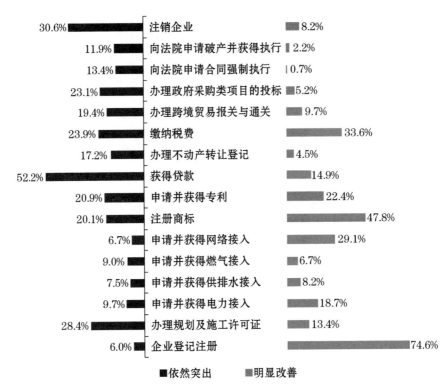

图 4.6　上海科技企业对涉企审批事项觉得问题依然突出与改进明显的方面

型民营科技型企业对不同类型营商要素的需求点。应当面向不同地区、不同行业、不同规模企业的特定需求分类施策，为广大市场主体创造更贴心、更优质的营商环境。

二、上海民营科技型企业认为政务服务中需要改进的方面

近几年来，上海贯彻落实中共中央和国务院要求，着力优化营商环境，并出台《着力优化营商环境加快构建开放型经济新体制行动方案》，不断强化服务意识，改革成效显著。调研数据显示，上海市政务环境不断优化改善，市场环境满意度总体较高，法治环境

优化步伐逐渐加快，不过也反映出上海营商环境还存在一些瓶颈问题。

（一）行政审批改革应聚焦企业痛点领域

调研发现，民营科技型企业感觉问题仍然突出的行政审批事项与地方改革中对审批事项的关注度出现错配。74.6%的上海民营科技型企业认为企业登记注册方面改进明显，仅有6%的企业认为仍然突出（见图4.6）。企业登记注册等已经不再是上海民营科技型企业感受最强烈的行政审批事项，未来在开展行政审批事项改革时，应重点关注获得贷款、注销企业、缴纳税费、政府采购招投标等上海民营科技型企业改革呼声最强烈的领域。

（二）仍需加强主动服务企业的意识

一些企业指出，有的政策制定实施细则不够明确，有的政策申请程序、资料过于复杂、繁琐，便捷性和操作性有待加强，应避免"一刀切"现象。调研数据显示，民营科技型企业认为政务服务中最需要改进的方面中，56.7%的上海民营科技型企业选择了"加强主动服务企业的意识"，35.1%选择了"简化、优化行政审批流程，提高效率"，25.1%选择了"完善政策执行水平，避免'一刀切'"（见图4.7）。

不少民营科技型企业提出，新兴产业政策要更接地气。加快新兴产业发展在国内正形成一股风潮，各省区市纷纷出台了雄心勃勃的产业发展规划。以人工智能领域为例，据不完全统计，截至2019年2月，全国有近21个省份出台30余项人工智能专项扶持政策，

145

至 2020 年规划的核心产业产值超过了 4 000 亿元，这一数字远远超过所有市场机构的预测。为避免重蹈产业空心化的覆辙，政府应该让企业包括民营科技型企业参与制定相关产业政策，同时将决策权下沉以便基层政府部门能紧跟市场动向制定更精细、更契合地方比较优势的产业扶持政策。

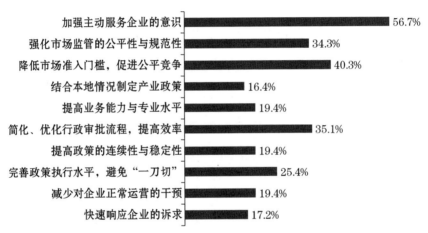

期望政府在行政审批和政府服务方面优先改进

图 4.7　上海民营科技型企业认为政务服务中最需要改进的方面

（三）市场准入仍存在"隐形门槛"

自从"新非公有制经济 36 条"出台后，民营企业市场准入在法规政策方面已有许多切实的进展，但民营企业依然对市场准入壁垒感受强烈，说明解决市场开放问题已不能依靠法律法规单方面推进，扩大市场开放应在实操层面推进。

从调研数据来看，认为政务服务中最需要改进的方面中，40.3%的上海民营科技型企业选择"降低市场准入门槛，促进公平竞争"

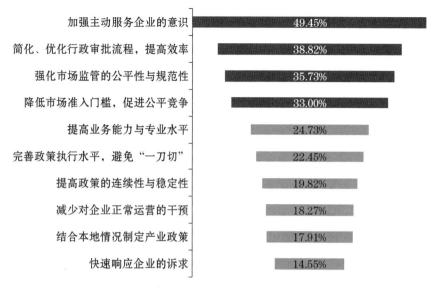

图 4.8 中国民营企业认为政务服务中最需要改进的地方

数据来源：零点有数 & 大商学院《2019 中国民营企业营商环境评价与期待研究报告》。

（见图 4.7），而中国民营企业整体关于这一选项的比重为 33%（见图4.8）。可以看到，相较而言，上海民营科技型企业对于市场准入门槛方面的需求更为强烈。

※案例：新材料在创新发展中面临的瓶颈问题

相关数据显示，中国新材料产业具有广阔的市场空间，预计2023 年中国新材料产业市场规模将超过 8 万亿元。然而，民营科技型企业在实际发展中却常常面临规模化工程应用的瓶颈，竞争力有限。市场对新材料性能优势的认知度不足，制约其快速发展。通过对均瑶集团的深入调研发现，从陶铝材料的产业发展现状来看，民营科技型企业的新材料产品市场推广阻力仍然较大。

一方面，**新材料进入大型项目和相关行业壁垒重重**。目前对民营科技型企业虽然从政策上鼓励参与竞争，但从操作层面看，在新材料的实际推广与应用中，如果没有相应的政策扶持，相关行业对于传统材料和进口材料的信任度更高，对于民营企业推广的国产新材料往往持观望态度。以汽车领域为例，汽车产业是上海的支柱产业之一，是打响"上海制造"品牌的重要主攻方向，陶铝材料较传统材料在节能减排、减重耐磨等性能上有较大幅度的提升，能更好地适应当前汽车轻量化和节能减排的发展趋势，但在市场推广中，尤其是进入一些大型项目和相关行业时，困难重重。

另一方面，**新材料应用产品的认证过程漫长**。与传统材料不同，新材料从材料转化为产品，需要重新走一遍"产品设计—产品制造—试验验证"的流程。以汽车转向节为例，采用陶铝材料后，由于产品性能发生改变，较传统材料更为高强轻质，因此需要重新设计并通过试验验证，最终产品要符合汽车整车厂的标准。认证过程中会出现新的费用且周期较长，即使新材料企业愿意承担认证费用，但汽车企业在合作方面的积极性仍然不高。这主要是因为采用新材料后，相关流程要重新走一遍，认证、宣传等前期投入较大，但客户反响和市场前景却是难以预知的。如果没有中间平台，新材料企业作为产业链的上端，其与产业链中下游的其他企业将在合作方面壁垒重重。

（四）亟须大力发展全链条知识产权服务

中国的知识产权一直存在数量增长快但科技成果转化率不高的特点。与此同时，近几年来商业模式的推陈出新又驱动着行业间的跨界融合不断深入，许多企业对知识产权服务的需求已经不再是简单的单个产品与单个行业。因此，应大力推动知识产权商业化发展，以大数据为基础进行研发分包及供应链管理，以全链条的知识产权服务助力民营科技型企业高质量发展（见图4.9）。

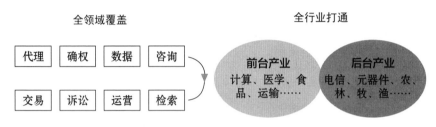

图 4.9 全链条知识产权服务的业务结构

据不完全统计，60.28%的企业认为缺乏与新产业、新业态、新模式相适应的市场监管模式，市场监管的升级步伐有待加快。同时，司法执行的透明度、便利度有待提高，司法不公开不透明、司法不便民和司法效率不高成为民营企业对司法环境反映最集中的三个问题，占比分别达到38.62%、37.62%和33.93%。

第二节 企业经营负担较重

具体来看，科技型企业的经营负担主要表现为以下三个方面：

一、成本瓶颈亟须突破

2018年底的采购经理调查数据显示，65.5%的制造业企业认为"劳动力成本高"，58.8% 表示"原材料价格上涨"，55.7% 则反映"物流成本高"；非制造业企业遇到的困难和问题占比前三位的分别是："劳动力成本高"（51.0%）、"市场需求减少"（40.4%）和"资金紧张"（40.2%）。受最低工资标准不断抬高、各城市人才新政等因素影响，劳动力成本高已成为制约上海科技型企业发展的最大瓶颈。自 2017 年底以来，各种原材料及大宗商品价格持续上涨，且部分原材料的上游生产企业因环保原因关闭，导致量减价涨。

此外，分析不同行业企业的侧重点可以看到，以智能制造、大健康、数字媒体等为代表的新兴产业科技型企业对税收、人力以及社保三项成本的重视度比传统行业企业要高，因此，新兴产业要获得更好发展首先需要突破成本瓶颈。

二、税费减免尚有空间

2018 年，上海民营企业税收收入同比增长 8.2%，高于民营经济增加值同比增速 1.9 个百分点。民营科技型企业对于加大税收优惠扶持力度的期盼日渐强烈。从 2018 年第四季度抽样调查结果来看，希望政府实施减税降费相关政策的民营企业比例超过六成，远高于企业对其他政策的期望比例。近年来，上海清理非税收费取得明显进展，但经营服务性收费仍有压缩空间，比如企业项目申办、项目建设过程中的各种收费项目。

关于税负高问题，民营企业家存在着一种矛盾的心态：一方面希望少交点税，一方面又希望政府多帮衬一点，站在政府财政"收入—支出"角度看这是无法兼得的。只有从"收入—支出"两条线双管齐下地建立新体系，才能从根本上解决税负高问题。

收入端上，应大力发展专业服务业，市场配置更优的就让企业多花钱，政府少花钱。专业服务业包含法律、会计、金融、技术等服务于实体经济的配套产业，是提升实体经济竞争力的重要力量，专业服务业的发展除了政府投入的基础保障外，更关键的是要发挥好市场的力量。以研发创新为例，中国有实验室 36 000 余家，居世界第一，年均增速近 10%，然而这并没有转化为高效能的科创产出。全球知名创投机构 CB Insights 盘点的全球十一大行业中的 71 家企业实验室，中国只有华为上榜。

支出端上，应建立预算绩效管理体系，规范政府花好每一笔钱。目前全国的预算绩效管理只覆盖了 2.5 万亿元的资金规模，不到全国四本预算总额的 5%，且许多预算绩效指标设计较为粗疏，不能切实反映预算投入创造的收益。大规模减税降负的前提必须是政府管好钱袋子，将每一笔钱都用到刀刃上。

三、中介机构和垄断性项目收费依然偏高

当前，中介机构和垄断性项目收费仍然偏高，尤其是第三方中介评估服务增加了民营科技型企业的额外成本。现阶段，政府部门监管（消防年检、政府项目补贴申请等）很多采用"需出具第三方检验报告"的做法，但出具报告的中介机构往往由政府指定，垄断地位较强、要价收费较高，而且普遍存在行业自律意识不强、市场

竞争机制缺失、服务效率不高、监管措施不到位等问题。

第三节　企业融资环境有待改善

一、政府的纾困措施对于解决企业融资问题的作用有限

通过对比各渠道汇总后的民间金融资金总量和近期中央到地方政府释放的扶持资金，由图 4.10 可以看到两者之间的巨大差距，这说明政府的纾困措施对于解决民营科技企业融资问题的作用有限。

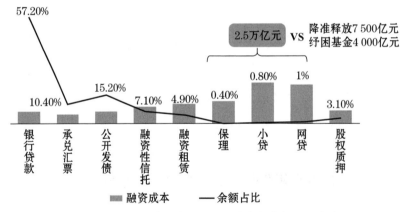

图 4.10　中国社会各类融资方式成本与余额比重统计

数据来源：零点有数 & 大商学院《2019 中国民营企业营商环境评价与期待研究报告》。

近几年来，金融机构对民企的放贷意愿趋于谨慎，且存在抽贷、断贷和停贷的现象。据采购经理调查数据显示，2018 年表示资金紧

张的民营制造业企业和非制造业企业分别达 48.6% 和 38.1%。上海民营企业融资隐性成本高于长三角平均水平。工商联民营企业融资状况问卷调查显示，上海市近三成的民企在获得银行融资时，需要承担财务顾问费、公证费、咨询费等成本，高于长三角平均水平 13个百分点；四分之一的民企在获得银行融资时，被银行要求存贷挂钩、以贷转存等，高于长三角平均水平 5 个百分点。

二、金融资本在科创领域开始呈现头部效应

近几年来，上海人工智能领域的发展迅速，这一新兴领域的融资情况从侧面反映出，上海的金融资本在科创领域开始呈现头部效应，这一特征不利于初创企业和小微企业获取相应的市场资金支持，政府应当给予适当的政策引导和政策帮扶。

从上海人工智能核心企业的融资情况来看，2014 年后企业的年度融资额和年度融资次数均快速上升，2018 年企业的年度融资额达

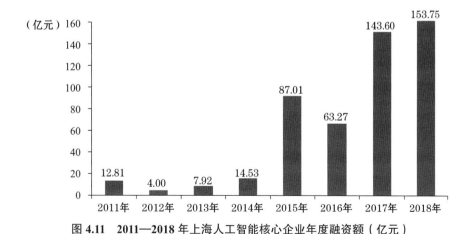

图 4.11　2011—2018 年上海人工智能核心企业年度融资额（亿元）

到高峰（见图 4.11）；企业融资次数自 2017 年达到高峰后开始下降（见图 4.12）；从融资轮次来看，2016—2018 年上海人工智能核心企业的融资轮次整体有后移趋势（见图 4.13）。

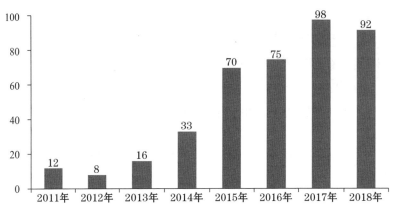

图 4.12　2011—2018 年上海人工智能核心企业年度融资次数

总体来看，上海人工智能核心企业的融资金额基本呈现逐年递增的趋势。结合人工智能企业成立数量于 2015 年达到最大值后迅速

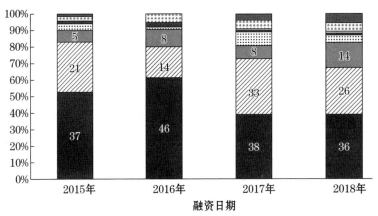

图 4.13　2015—2018 年上海人工智能核心企业融资轮次占比变化

缩减并在 2018 年达到近十年来最低的情况来看，反映出资本市场开始向成熟的人工智能企业靠拢。

当前，上海人工智能子行业企业竞争态势呈现出明显的头部效应（见图 4.14）。

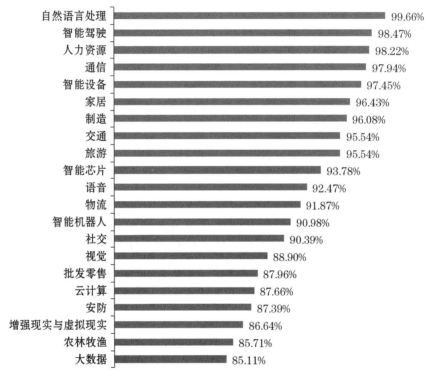

自然语言处理	99.66%
智能驾驶	98.47%
人力资源	98.22%
通信	97.94%
智能设备	97.45%
家居	96.43%
制造	96.08%
交通	95.54%
旅游	95.54%
智能芯片	93.78%
语音	92.47%
物流	91.87%
智能机器人	90.98%
社交	90.39%
视觉	88.90%
批发零售	87.96%
云计算	87.66%
安防	87.39%
增强现实与虚拟现实	86.64%
农林牧渔	85.71%
大数据	85.11%

图 4.14 各子行业头部企业融资额占整个行业融资额比重

上海人工智能各子行业的头部企业（总融资额在行业内排名前三的企业）融资额占比平均为 85%，说明资本市场对行业龙头的认可度非常高，且愿意为行业头部企业提供融资来支持大型项目的发展。同时，在人工智能需求较大的行业内，头部企业融资发生次数占整个行业融资发生次数的比重较小。在金融、文娱、制造和医疗等行业内，融资发生次数占比均在 30% 以下。这说明对于新兴企业来说，融资窗口会以单次融资金额较小、融资次数增多的形式出现，同时融资轮次也可能拉长。

整体来看，资本市场已经开始向成熟的人工智能企业靠拢。一方面，资本市场更加谨慎，将有利于筛选出人工智能领域真正具有长期价值的民营科技型企业。另一方面，相较于人工智能各子行业的头部企业，小微企业和新创企业的融资需求更加迫切，头部效应会使得这类企业未来的融资压力加大。

三、风险投资是上海高成长性民营科创企业的融资环境短板

为了促进上海民营科技企业创新、健康、可持续发展，相关部门陆续出台了系列政策及支持举措。2019 年 3 月，中共上海市委办公厅、市政府办公厅印发《关于进一步深化科技体制机制改革增强科技创新中心策源能力的意见》(简称上海科改"25 条")，提出"鼓励支持民营科技企业承担政府科研项目和创新平台建设"等政策。2018 年 11 月，中国人民银行上海总部发布《关于进一步加强民营企业和科技创新企业金融服务的实施意见》，通过四大方面共 20 条意见，重点聚焦进一步提升对民营企业、科技创新企业的金融服务水平，旨在引导更多金融资源"精准滴灌"支持上海民营经济健康发展和科创中心建设。然而与其他省市比较，当前上海在促进高成长性科技企业发展的环境方面，风险投资仍是短板。

表 4.1　中国创业投资机构 50 强的分布情况

地区	数量	名称（括号内为排名）
北京	15	IDG 资本（1），红杉资本中国基金（2），德同资本（5），君联资本（10），经纬中国（14），赛伯乐（15），联创永宣（17），DCM 资本（18），信中利资本（20），凯鹏华盈（21），顺为资本（22），金沙江创投（27），联想创投（35），中国风投（37），高榕资本（39）
深圳	13	深圳创新投（3），达晨创投（6），东方富海（7），基石资本（8），同创伟业（12），松禾资本（30），高特佳投资（31），清源投资（33），富坤创投（36），中兴创投（40），深圳国中创投（46），启赋资本（47），东方汇富（48）
上海	9	纪源资本（13），启明创投（16），蓝驰创投（24），亚商资本（28），戈壁创投（29），软银中国资本（38），今日资本（41），晨兴资本（43），海纳亚洲（44）

数据来源：清科研究中心。

根据清科研究中心的报告，2016 年中国创业投资机构 50 强的分布情况，北京占有 15 席，深圳占有 13 席，上海占有 9 席（见表 4.1）。值得关注的是，北京和深圳占有前十强的 8 席，而上海最好的排名为第 13 位。深圳的风险投资机构 55 家，风险资本 575.57 亿元，上海风险投资机构 80 家，风险资本 104.65 亿元，深圳的风险投资能力是上海的 5 倍多。

相较深圳等城市，上海的天使投资引导基金规模偏小，效率偏低；同时，上海股权投资类企业注册困难。正是由于风险投资这一发展短板，某种程度上导致上海的民营科技型企业从准独角兽到独角兽的成功率陡然下降。独角兽、准独角兽企业是从资本市场角度、市场份额角度和成长性角度对民营科技型企业所作的评价，其性质就是高成长潜力企业，代表着新经济的增长动力，对新技术、新业态、新模式的发展，引领产业升级和助推经济结构调整等具有重要作用。在美国纳斯达克上市的企业中有很大部分就是独角兽和准独角兽企业。可以预见，欲上科创板、先入独角兽。未来在科创板上市的候选企业中也将会如此。

从科技创新集聚区自身培育的角度来看，独角兽必然来源于广泛普遍的创新型中小微企业（见图4.15）。企业的培育是有一定概率的，只有在足够大的基数上，才能培育形成一定数量的高成长企业。

图 4.15   独角兽企业的培育路径

如表4.2所示，从创新型企业到准独角兽，浦东培育的成功率最高（准独角兽/累计毕业企业），高于北京1.8个百分点，大幅领先于深圳，体现出精英创业、成熟者创业的特征。但上海整体创新型企业的基数太小，导致独角兽数量明显落后于北京、深圳等地。如果上海科技创新集聚区孵化毕业的企业数量扩大2至3倍，则最终培育成独角兽的数量，上海将与北京相当，浦东将与深圳相当。

从表4.2可知，上海从创新型企业到准独角兽的成功率全国最高，但准独角兽到独角兽的成功率（独角兽/准独角兽）陡然下降，一正一负，比北京低了4.3个百分点，显示了上海科技创新集聚区在科技创新企业的早期培育上，有良好的培育机制和培育方法；而在企业成长加速阶段培育效率较低，则说明上海科技创新集聚区助推民营科技型企业发展壮大的环境有待改善。

表 4.2 2017 年各地区独角兽、准独角兽企业情况

	北京	上海	浦东	广东	浙江	江苏	深圳	杭州
独角兽企业数（家）	70	35	9	21	20	8	15	18
准独角兽企业数（家）	235	129	33	86	60	37	57	50
独角兽 / 准独角兽（%）	29.8	27.1	27.3	24.4	33.3	21.6	26.3	36.0
孵化器累计毕业企业数（家）	7 659	2 746	680	10 974	6 506	14 178	5 226	—
准独角兽 / 累计毕业企业（%）	3.1	4.7	4.9	0.8	0.9	0.3	1.1	—

数据来源：北京长城战略咨询有限公司《2017 中国独角兽发展报告》，投资界、私募通等信息。

美国自 1971 年推出纳斯达克以来，形成了"天使投资助入＋增值服务提升科技中小企业竞争力＋风险投资接棒推进中小企业高成长＋纳斯达克上市"的运营模式。从美国的经验可以看到，天使投资、风险投资、增值服务等是科技型中小企业成长的关键要素。当前，上海科技创新集聚区适合孵化毕业企业生存扩张的资源空间有待扩张，相较于北京、深圳，上海存在风险投资方面的短板，亟须对科创独角兽企业的成长环境、融资机制加以重视和改进，积极培育真正在上海成长起来的科创板上市企业。

第四节　上海的人才优势面临挑战

在城市竞争的大背景下，全国范围内"抢人才"大战正酣。截至 2019 年 4 月，全国共有近 30 个城市陆续出台或者升级人才政策，从人才落户、购房补贴、生活补贴、配套保障等方面开启"抢人大战"。深圳喊出"政府帮你缴个税"口号，百万元年薪少交 30 万元个税，刷新了抢人大战的新姿势。在招商引资上，各地奖钱送地，"狠下血本"。2018 年 2 月，成都提出，"引进来"的总部企业，入驻满一年，可获得最高 5 000 万元奖励；西安紧随其后，新落户金融总部企业，最高一次性奖励 6 000 万元。武汉除了给予总部落户现金奖励外，更是在土地支持方面拿出"王炸"，总部企业不仅可以七折拿地，而且允许地块中 40% 的建筑面积供企业自行分割租赁。在商务成本居高不下的背景下，上海的人才优势遭受严峻挑战，这将很大程度上制约民营科技型企业的创新发展。通过对 134 家上海民营科技型企业的营商环境调研数据分析，高达 74.6% 的企业认为上海民营科技型企业年成本中压力最大的部分是人力成本（见图 4.16）；针对"目前，贵企业所在城市的以下生产要素保障哪方面存在不足"这一问题，有 39.8% 的上海民营科技型企业选择"企业用工保障不足"（见图 4.17）。

企业年成本中压力最大的部分

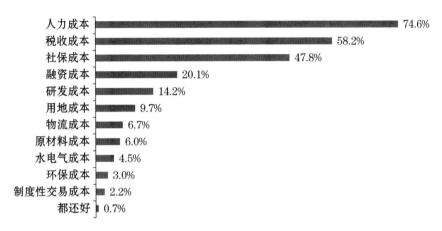

图 4.16　上海民营科技型企业年成本压力

生产要素保障存在的不足

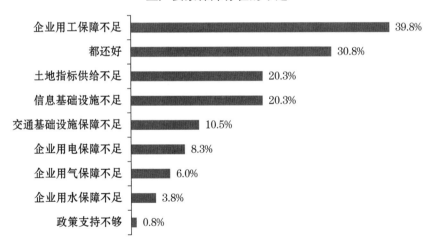

图 4.17　上海民营科技型企业认为城市生产要素保障存在的不足

　　调研显示，人力成本以及人才问题已经成为制约上海民营科技型企业发展的重要因素，具体表现为以下几个方面：

一、以住房问题为代表的综合生活成本较高

随着上海市综合生活成本不断高企，苏浙皖等周边地区的人才引进力度和优惠政策不断加码、人才发展环境和科研基础条件不断改善，导致优秀青年科技人才的选择越来越多，上海科技型企业引进人才难度越来越大，人才流失现象越来越明显。

其中，住房问题是近几年来上海人才环境建设中的一块突出短板，制约了上海吸引全球优秀人才的竞争优势，不少调研对象提出住房难问题。住房花费稳居第一大支出，居高不下的住房成本令一些科创人才"望而却步"，而其他省市的人才发展环境和科研基础条件则不断改善，导致上海市科创人才引进难度加大等问题。虽然现已出台了一些人才公寓、购（租）房补贴等政策，但依然难以满足科创人才的刚性购房需求。科技创新人才面临的购房、租房压力越来越大，制约了上海吸引人才的竞争优势。此外，在调研过程中，不少青年科技人才指出在子女享受优质教育资源、父母养老就医等方面依然存在焦虑。

二、相关人才政策宣传和落实有待加强

近几年来，国家和上海市先后出台"实行以增加知识价值为导向分配政策的若干意见"、"人才新政 30 条"、"上海市促进科技成果转化条例"等多项重要科创人才政策法规，但存在宣传宣讲不到位和实施细则配套不到位两个方面的问题。在宣传宣讲上，一方面是

对重要人才政策及时有效的宣讲解读及促进科创人才发展的好做法宣传推广力度亟须加强，科研单位及人才个体对相关人才政策的知晓率有待提高。另一方面，各级部门针对民营科技型企业也做了很多政策培训和辅导服务，但企业往往不重视相关培训，派来参加培训的大部分为办公室文员，导致具体项目去做的时候，企业家又说这个政策我不知道，实际上这属于企业内部的信息不对称。因此，在政策宣传方面，仅靠政府相关部门一头热是不够的，企业也应当积极参与相关的政策宣传宣讲和学习活动。在贯彻落实上，客观存在有些相关配套政策及实施细则未能及时跟进、具体操作方式尚有待明确等现象，使得人才政策在有些单位的执行和落实效果不佳。

三、限制科技创新人才发展的制度性瓶颈亟待突破

近几年来，上海围绕"向用人主体放权，为人才松绑"的要求，出台一系列人才新政策。但科技创新人才工作仍然面临着科研经费管理不科学、薪酬待遇限制较多、科研成果转化难和收益难等体制机制方面的制约。有些科研单位过于守成，使得科技创新人才的发展空间较为有限。

一是现有科技人才培养计划存在一定程度的不平衡。人才计划分属部门多，不同部门的人才计划存在部分重复资助的现象；针对事业编制人才的项目较多，针对企业人才的项目较少；人才跟踪培养较少，针对优秀青年科技人才的评价机制亟须进一步完善，评价指标设计应更符合青年科技人才成长规律。

二是优秀青年科技人才发展的激励保障机制亟须优化。在调研中，多名青年科技人才表示，高校的青年人才总体待遇不高，收入难以保证自己过上较为体面的生活，主要体现在科研经费使用较难、个税负担较重等方面。在科研经费管理和使用上，一方面科研经费使用手续相当繁琐，很多时候宁可不用，影响项目申请和推进的积极性；另一方面是现有经费管理制度亟须优化，青年科技人才投入大量时间进行科学研究，但智力劳动难以得到相应的经济报酬。此外，个税负担过重也直接影响青年科技人才的收入水平。调研过程中，高校和科研院所的科研人员均表示，科研经费中劳务报酬、科研成果转化收入的个税比例较高，使科研人员实际所得大打折扣。之前深圳在这方面已有所突破，推出"政府帮你缴个税"，百万元年薪少交 30 万元个税，可谓力度空前，媒体称之为"全国最强求贤令"，未来上海在人才税收优惠政策方面应予以借鉴。

三是优秀青年科技人才团队建设支撑亟须加强。由于编制、用人自主性等方面的限制，用人单位或科研团队很难留下一些优秀的博士和硕士毕业生，有些优秀科研人才因落户问题而选择其他城市。当前，国内不同城市间并未出现随城市规模扩大而用人成本大幅上升的趋势，说明用人成本高具有普遍性，并不是因为人才流动困难导致的用人不足。其中，高新技术产业用人成本相较其他行业更高。总体而言，在人才问题上，流动难只是表象，培养不出才是症结。在优秀青年科技人才储备上，缺少相应的人才储备规划和培养机制，致使一些领域青年科技人才团队建设出现"后继乏人"的局面。

　　从国际形势看，英美移民政策收紧为中国广纳世界科技人才提供了机遇，国际人才竞争态势发生的巨大变化，有助于中国吸引国际优秀科技人才。从国内形势看，中国国际人才竞争力不断提高为吸引全球科技人才创造了条件。有研究认为，当一国的人均 GDP 达到 4 000 美元以上，产业技术资本密集达 60% 以上，第三产业贡献率达 64% 以上，人才将大幅度回流。在英美移民政策持续收紧的态势上，上海应抓住机遇继续突破科技人才政策，构建更为开放、务实、灵活的制度政策来引进国内外科技人才，为优秀青年人才团队提供有效支撑，助力中国建成世界科技强国。

第五章　促进上海科技创新集聚区功能提升的政策建议

第一节　探索四螺旋运营模式，营造智慧园区

一般来说，科技创新集聚区的基本功能是创新功能。集聚功能、示范功能、开放功能、社区功能、改革功能、扩散功能等都是其基本功能的外化，作为基本功能实现的支撑体系存在着互动关系。如图 5.1 所示，在科技创新集聚区发展初期，随着企业的诞生与成长，新企业不断加入科技创新集聚区，园区内部企业数量不断增加，形成产业的空间集聚发展。在产业集群的发展中，随着产业的专业化分工，企业间的交易与协作越来越重要，区域内形成协同创新的网络结构，随着创新网络与本地环境的互动，企业吸纳新知识，创新机会增加，创新网络得以根植与发展。由此可见，企业在创新网络

中（包括正式的和非正式的网络）起着核心的作用，在其与其他企业及主体之间合作、交流的过程中结成网络，使劳动力、知识、资本、信息等在网络中流动与扩散。

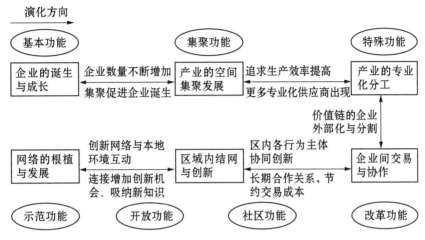

图 5.1　科技创新集聚区创新网络形成及演化与园区功能

科技创新集聚区的多个功能是相互联系，共同发挥作用的。如果忽视科技创新集聚区的一般功能，那么科技创新集聚区的基本功能即创新功能也将难以提升，进而影响科技创新集聚区自主创新战略的实施。因此，科技创新集聚区的功能提升要涵盖创新功能到一般功能的提升才能实现科技创新集聚区的健康发展。

随着 21 世纪科技发展的日新月异，科技创新集聚区创新范式的演化脉络（见图 5.2）：从创新 1.0 阶段（封闭式创新，创新局限在企业内部）、到创新 2.0 阶段（开放式创新，即广泛获取来自企业外部的创新资源）、再到创新 3.0 阶段（嵌入 / 共生式创新，企业创新行为更加重视资源整合与共生发展）。

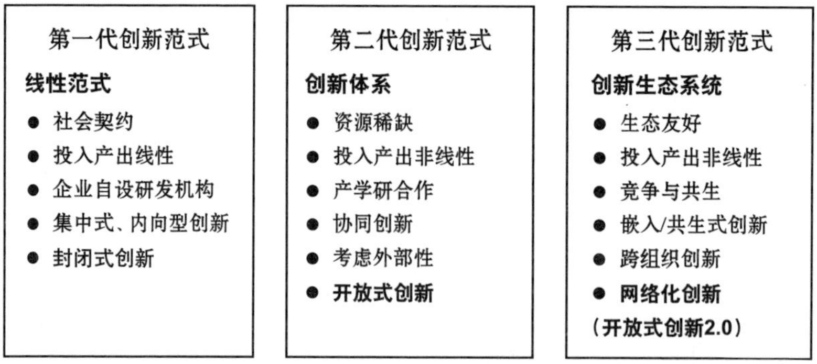

第一代创新范式	第二代创新范式	第三代创新范式
线性范式 ● 社会契约 ● 投入产出线性 ● 企业自设研发机构 ● 集中式、内向型创新 ● 封闭式创新	**创新体系** ● 资源稀缺 ● 投入产出非线性 ● 产学研合作 ● 协同创新 ● 考虑外部性 ● **开放式创新**	**创新生态系统** ● 生态友好 ● 投入产出非线性 ● 竞争与共生 ● 嵌入/共生式创新 ● 跨组织创新 ● **网络化创新** **（开放式创新2.0）**

图 5.2　科技创新集聚区三代创新范式的演化历程

在一定区域范围内，各创新主体、创新环节和创新因素之间组成相互联系和依赖的生态链，不同要素和行业间创新链的组合，形成创新生态系统。而创新生态的质量则由创业创新人才和生态链及其互动所决定。

当前，上海科技创新集聚区的创新发展已进入创新范式3.0，与机械式、靶向式和精准式创新方式不同，第三代创新范式具有多样性、开放性、自组织性和动态性的特征（见表5.1）。

表 5.1　三代创新范式的比较

	创新范式 1.0	创新范式 2.0	创新范式 3.0
理论基础	新古典经济理论和内生增长理论	国家创新体系	演化经济学及其新发展
创新主体（关系）	强调企业内部创新	"产学研"协同创新	"产学研用"共生创新
创新战略重点	自主研发	合作研发	创意设计与用户关系
价值实现载体	产品	产品＋服务	产品＋服务＋体验
创新驱动模式	政府＋企业需求＋科研 **双螺旋**	政府＋企业＋学研需求＋科研＋竞争 **三螺旋**	政府＋企业＋学研＋用户需求＋科研＋竞争＋共生 **四螺旋**

因为创新范式和运营模式本质特征的变化，不少国家和地区开始积极探索科技创新集聚区的新一代创新政策（见表5.2）。

表5.2　三代创新政策的比较

	创新政策1.0	创新政策2.0	创新政策3.0
创新宏观管理（治理）	政府（科学研究/科技制高点）	政府＋市场（研发产业化/经济增长点）	政府＋市场＋社会（生态化创新/民生关注点）
政府介入缘由	市场失灵	系统失灵	演化失灵
研发投入产出关系	线性	非线性	动态非线性
政府支持重点	提供科研经费	提供框架性政策	提供创新生态

创新政策1.0对应线性范式，认为创新外部性和市场失灵是政府介入的主要理由，只要政府资助基础研究，市场可以自动将其转化为成果。

创新政策2.0则引导和服务于国家创新体系，政府主要提供研发投入、税收优惠、知识产权等框架性政策，强调产学研协同的重要性。

随着进入知识经济时代，需要创新政策3.0，即应在创新生态系统这一新的创新范式下探讨创新政策的建构，政府主要提供良好的创新生态，而在形成和孕育创新生态的过程中，政府不仅要关注创新绩效、创新治理等要素，同时也要关注社会民生等。

表5.3 从园区服务视角看园区发展历程

园区 1.0	园区 2.0	园区 3.0	园区 4.0
土地经营	标准厂房开发	公共服务平台	智慧型园区
园区主要通过"三通一平"、"七通一平"、"九通一平"等形式进行土地一级开发，为园区企业提供土地供应。	园区除提供土地经营外，开始进行标准厂房开发，通过厂房租赁、厂房出售、厂房定制等形势，为园区企业提供生产厂房供应。	园区通过搭建融资、技术研发检测、公共检验检测、公共信息、公共展示平台、行政服务、社区卫生服务中心等公共服务平台，为入园企业提供综合公共配套服务。	园区除了物理空间配套完善外，通过移动互联网，提升园区虚拟空间配套，即线上连接、线下经营的企业社群；营造全球链接的社交空间，形成内外开放、资源整合的产业生态圈。

从园区服务视角看园区发展历程，上海的科技创新集聚区已由土地经营、标准厂房开发、公共服务平台，发展到智慧型园区阶段。这就要求园区除了物理空间配套完善外，还应当通过移动互联网，提升园区虚拟空间配套，即线上连接、线下经营的企业社群；营造全球链接的社交空间，形成内外开放、资源整合的产业生态圈。

因此，未来上海科技创新集聚区的建设重点应当是大力促进"产学研用"的共生创新，发展"产品＋服务＋体验"的价值实现载体，探索"政府＋企业＋学研＋用户"的"需求＋科研＋竞争＋共生"四螺旋运营模式，营造智慧园区。

第二节 培育、引进孵化专家，打造科技企业加速器

自 1987 年武汉东湖新技术创业中心作为中国第一家科技企业

孵化器诞生以来，中国已有 12 000 家孵化器（包括众创空间、孵化器及加速器等），服务百万中小微企业，对中国经济发展做出了不可磨灭的贡献，尤其近几年"大众创业、万众创新"全面铺开，孵化器作为科技创新集聚区运营的主要载体，对"双创"起到极大支撑，为一大批中小微企业创新创业做出了重要的贡献，但不可否认，他们大部分提供的仍是"普通保姆"式服务，比如场地出租、企业注册、财会记账及政策培训等，其实创业者最需要"育儿嫂"式服务。

现在中国科技创新集聚区的各类孵化器大部分是"重资产"经营，首先租来一片场地，再出租给一批创业企业，日常收入除一小部分来自培训、咨询及中介等业务，大部分还是靠物业差价和政府补贴维持运营，基本还是"二房东"模式，这种情况就导致孵化器场地越大，压力越大，风险越大，尤其新冠肺炎疫情的暴发，更是雪上加霜。

众所周知，科技创业的载体一直是按"众创空间—孵化器—加速器—产业园区"的产业链来划分。2017 年 6 月，科技部办公厅印发《国家科技企业孵化器"十三五"发展规划》，明确提出要完善"众创空间—孵化器—加速器"的创业孵化链条建设。2018 年 6 月，科技部火炬中心公布众创空间、孵化器及加速器分别是 5 739 家、4 069 家和 500 多家；2018 年 3 月，国家发改委公布产业园区（含高新区和经开区等）是 2 543 家，由此可见，处于孵化前段的众创空间和孵化器数量最多，产业化后端的园区数量也不少，恰恰在发展过程中起到关键作用的加速器却数量偏少，而且国内对"科技企业加速器"至今没有明确定义。2018 年 9 月，国务院印发《关于推动创新创业高质量发展打造"双创"升级版的意见》，也明确要提升孵化机构的服务水平。为巩固"双创"成果，夯实"双创升级"，因此急需发展大批科技加速器。2018 年 12 月，科技部颁布《科技企业孵化器管理办法》，明确提出孵化器主要功能是围绕科技企业的成长需求，集聚各类要素资源，推动科技创新创业。国家对孵化器行业的引导趋势是更加注重孵化质量和水平。因此一部分孵化器未雨绸缪正在转型，但大部分还未行动。

要提高孵化质量，提升孵化绩效，需要的不是规模惊人的孵化大楼，也不是金碧辉煌的办公环境，而是有一批精通科技孵化业务且善于集聚资源的经营者，尤其作为孵化器创始人更应是这方面的专家。因此，一个孵化器成功与否，不在于"形"，而在于是否拥有科技孵化的"专家"。而孵化专家则应当具备三大核心要素：资历、资源和资金，三者相辅相成，缺一不可。

核心要素之一：资历。 科技孵化的目的是"化"，过程和手段是"孵"。要靠温度、靠能量去孵，通过"赋能"使孵化对象更容易"破壳而出"。科创企业在发展初期大都非常脆弱，会因各种原因不幸"夭折"，因此孵化专家的"资历"正是一剂良方。经验在孵化早期是一种极为可贵的能量。它能极大地帮助创业者减少试错成本，少走弯路，短期内迈入正轨。孵化专家拥有丰富的创业经验，有的就曾在科创企业深耕多年，在技术革新、企业管理、市场推广、媒体运营等方面有着扎实的实践基础和知识积累，因此创业者可从中汲取大量的养分。有这样的全心呵护，创业者就如站在"巨人的肩膀"上，从诞生之初就"赢在起跑线上"。

核心要素之二：资源。要做好科技孵化，"资源"是关键。丰富的产学研资源，可为成果孵化提供最适宜的温度和土壤。科创企业从种子期开始，要经历萌芽、成长、壮大的过程，一路的艰难险阻，数不胜数，因此对于优质资源的需求，十分渴望。创业者不管研发多么好的产品、设计多么有价值的服务、如何开拓市场，生存下来才是王道。但创业之初，面临产品粗糙、缺乏知名度及成本过高等不利因素，如何找到种子用户进行有效推广，对创业者是个难题。而孵化专家市场意识敏锐，对症下药，一方面了解"孵化"规律，明白企业每个阶段的成长需求，可以为创业者保驾护航、逢山开路、遇水架桥，从而大大提高创业成功的概率；另一方面通过他多年积累的广泛资源，搭建通往产、学、研、媒、金等各类资源聚集的创业生态系统，促成企业与资源精准对接，降低交易成本，赢得宝贵的发展机遇。

核心要素之三：资金。在科技孵化过程中，"资金"始终是企业发展的命脉，既关系到"好苗子"能否存活，也关系到企业"蛋糕"能否做大。对创业者，融资一直都是难题。作为孵化专家要高效服务，还应具备过硬的投融资能力，有一定的资金实力和广泛的融资渠道。一来在企业初期能投入一笔小钱，解决燃眉之急，二来凭借强大的资源整合能力，为企业快速扩张时对接大资本。

面对当前复杂的国际形势，中国急需大批科技加速器，助力"双创升级"。其实，科技加速器也可看作是孵化器的高级阶段。将以上这三大核心要素有机结合，形成可持续发展的运营模式，才是科技创新集聚区广大科创企业最迫切需要的孵化器。首先，孵化器应当"小而美"、"专而精"，而不是"大而全"，因为在"能量"一定的情况下，孵化器越大，企业得到的能量越小。其次，每个孵化专家也不是万能的，因此，孵化器可以采取合伙人模式，集众家之长，提供更专业服务的同时，也可以分散自身风险。最后，应当勇于探索无形资产入股的孵化器运营模式。因为"资历"和"资源"这两种无形资产，是孵化专家多年辛勤努力的宝贵资源，也是创业者的刚需。未来是否可以在双方高度认可的情况下，设计这样的"投资方案"：孵化器出资一部分，同时将孵化专家的"资历和资源"打包，以现金加无形资产的形式入股（具体比例需双方商榷）。这样孵化专家"真金白银"投资了创业者，多年积累的无形资产初步"变现"，而创业者得到孵化专家的"嫡系真传"、孵化器的优质资源和雪中送炭的资金。通过建立合理的孵化双方产权关系，用一小部分股权使孵化专家和创业者成为优势互补的利益共同体，真正激励孵化专家，为"好苗子"发展全力加速，使孵化器成为真正的"科技企业加速器"。

第三节　培育自主可控的创新生态系统和技术转移体系

在科技创新集聚区运营中，由于科技成果商品的特殊性、复杂性和专业性，科技成果转化难成为国际上的共性问题，发达国家经历了复杂的、漫长的发展历程，其发展模式和发展路径可供上海的科技创新集聚区借鉴与参考。

一、美国技术转移体系建设的经验

以美国为例，自 1980 年美国国会出台《拜杜法案》开始，其后 30 多年间出台和修订相关法律法规达 17 件之多，才建立了相对完善的技术转移体系。

20 世纪 70 年代： 1970 年，斯坦福大学成立技术许可办公室，

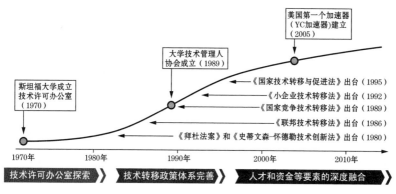

图 5.3　美国技术转移体系的发展历程

由原先担任斯坦福大学资助项目办公室副主任的尼尔斯·赖默斯（Niels J. Reimers）担任技术许可办公室的主任。工程师兼合同经理出身，并在高技术企业工作过的赖默斯，带领技术许可办公室团队充分挖掘"硅谷"等地的企业创新需求，并将斯坦福大学科技成果的商业价值与之有机对接，开创了美国技术转移发展的里程碑。斯坦福大学的模式，初步解决了**"值得转"**的难题。

20世纪80年代：尽管斯坦福大学技术许可办公室的模式为美国的技术转移树立了典范，但在1980年前美国的技术转移仍然主要局限于斯坦福大学等少数高校和研究机构。20世纪70年代，美国政府获得7万个专利，但只有5%获得商业化。为改变这一状况（1980年美国国会出台《拜杜法案》和《史蒂文森-怀德勒技术创新法》。这两个法案的颁布，标志着美国的技术转移由个别的偶尔所为进入到国家层面的行为。此后，美国又出台和修订《拜杜法修正案》、《国家合作研究法案》、《联邦技术转移法》、《12591号总统令》、《国家竞争技术转移法》等一系列相关法律法规，初步解决了**"有权转"**的难题。

20世纪90年代：由原先的大学专利管理者协会（SUPA）改名而来的大学技术管理人协会（AUTM）在美国的高校和研究机构的技术转移机构建设、技术转移人才培养中发挥了重要作用，技术转移办公室的模式由斯坦福大学扩展至美国的众多大学和研究机构。同时，在风险投资快速发展等背景下，技术、经济、法律等方面的一系列服务机构投入技术转移活动，初步解决了**"如何转"**的难题。

● 专业化管理——坚持市场化导向，既有严格的管理制度，又有灵活的经营策略

● 充分的权限——享有所在大学知识产权独占经营权利，拥有较高的自主权，包括财务、运营和人事
● 专业人才队伍——懂科研、懂法律、懂商业，胜任一项技术从披露到转让的全过程
● 均衡的利益共享和收入分配制度

图 5.4　斯坦福大学 OTL 模式

21 世纪以来： 以谷歌为代表的高新技术企业在不断加大技术创新投入的同时，美国的风险投资和创新创业进一步发展，技术需求旺盛，**"愿意转"** 的难题进一步得到解决。

二、意大利技术转移体系建设的经验

（一）意大利大学的"第三使命"

随着开放式创新的兴起，并由于大学开展的创新活动对经济、社会和文化产生直接或间接的影响，大学角色也随之变化，创新被大学列为传统任务（教学和科研）之外的"第三使命"。第三使命的核心是大学与外界尤其是工业界的合作，是研究、教学与知识转移之间的一种权衡和互补，"第三使命"包括：技术转移（含专利、分拆、商业型研究、科学园区和孵化器等）；提供公共产品（社会、教育和文化产品）。

意大利大学与"第三使命"息息相关，其原因在于：

（1）大学成为其所在地区经济、社会和文化生活的活跃组

成部分。在欧洲，越来越多的公司进入大学寻求创新合作，大学教授、科研人员参与到公司研发中，大学与商业的关系越发紧密。

（2）大学本身有资金需求，除政府拨款、学费和社会捐赠外，来自工业界的资金对学校开展科研活动非常重要，是科研活动的主要资金来源。

（3）创新对学科依赖性很大，教学和科研被嫁接到"第三使命"，科学技术在学科中的比重大，则第三使命比重亦大。

（二）大学和研究机构主动推动"第三使命"

一方面，**大学致力于发展与工业界的合作关系**。米兰理工大学迄今共成立分拆公司48个，拥有专利1 610项，其中发明专利644项，技术许可收入超过6 400万欧元。

另一方面，**研究机构积极设立技术转移办公室（TTO）**。Elettra Sincrotrone Trieste 作为一个专门从事材料和生命科学的同步加速器和自由电子激光大科学装置运作的国际研究中心（偏基础科学研究），也设立专门从事技术转移的 Elettra 工业联络办公室，加强与工业界合作，并形成多个分拆公司。

（三）公共政策和管理推动大学强化"第三使命"

此外，意大利大学已将"第三使命"纳入大学评估。主要包括：

（1）**奖励私企**。通过对与大学合作的企业进行奖励或资助，鼓励私企与大学合作，合同增长带动大学横向资金攀升，推动大学强化"第三使命"。

（2）**给予大学自治权**。一些大学对开展创新的研究人员进行奖励，鼓励研究人员与企业合作。

（3）**开展"第三使命"评估**。由欧洲委员会资助的欧洲高校"第三使命"指标与排名（E3M）项目，首次提出评价大学"第三使命"战略性指标，包括技术转移、社会责任、继续教育、社区服务等类别，其中技术转移主要从公司获得的收入、专利数、分拆公司等指标考虑。通过以此对大学排名，加强"第三使命"对大学社会声誉的影响力。

※案例：米兰理工大学孵化器（PoliHub）的技术转移模式

PoliHub 是全球第三大的大学孵化器，拥有孵化面积 5 000 平方米、63 个开放空间，为初创企业提供法律、财务、战略、技术开发、知识产权保护、销售简报设计、商业管理教育、投资准备、媒体营销等服务，累计孵化 113 家公司。PoliHub 的孵化器技术转移模式有两个特色：

一是 PoliHub 创业导师：

第一阶段是 EI&S（企业创新与创业），培训 3 天可在创业世界中窥见一斑；

第二阶段是 Elab（创业实验室），开展 8 周的早期创业项目实践；

第三阶段是 IMJ（内部导师规划），在 PoliHub 中的创业公司中进行 4 个月辅导期。

二是孵化器与技术转移的融合，即从研究资助→预种子阶段→

种子阶段→成熟阶段，对应：研究开发→知识产权的产生→公司许可、企业诞生→成长的创新创业全周期，其中 TTO 是在预种子阶段节点（第二阶段）的责任部门，而种子阶段（第三阶段）则由 PoliHub（加速）和 TTO（许可）共同负责。另外，通过技术日、黑客马拉松、创业实验室、合作加速、合作创投基金、合作分拆等开放式创新工具，将米兰理工大学合作网络、技术转移办公室（TTO）与孵化器有机结合。

三、德国技术转移体系建设的经验

德国政府、高等院校、研究机构和企业分工明确，建立了完善的科技管理体系和研发体系，进而在此基础上建立了"需求导向"的技术转移体系。在德国的技术转移体系中，科学家、工程师组成的专家团队积淀了高水平的技术和咨询服务能力；数量众多、科技水平高的德国中小企业技术创新活跃，内部研发、寻求外部技术转移服务的意愿都极强，积极与技术转移机构开展长期合作，接受技术转移服务。

史太白技术转移中心是德国典型的技术转移服务机构。该机构以史太白经济促进基金会和史太白技术转移有限公司为核心，通过扁平化的管理体制和灵活的运行机制，构建了一个拥有近 800 多个专业技术转移中心的技术转移网络，在全球 40 多个国家开展技术转移活动，吸引了大批各个领域的专家学者参与，以用户需求为导向提供全方位的技术转移服务。

四、建设技术转移体系的对策建议

从实验室科研成果的产生到知识产权保护，再到概念验证、转化方式的落实，生产应用、收益获得，技术转移体系的建设是一个环环相扣、持续引发的过程，需要互补互动、多方协作、协同推进才能达到理想的效果。在这个过程中，无论是技术的创造性和应用性评估、知识产权的归属和保护、企业生产和市场应用的可行性等专业的评估工作，还是技术许可、技术转让或作价投资等转移方式的选择，抑或是合作谈判、合同签署、收益分配等流程的履行，都是极其专业、极为复杂的过程。由此，技术转移体系的建设自然也就需要克服诸多的难点或挑战。

在科技创新集聚区的实际运营中，往往会发现科创企业在科技

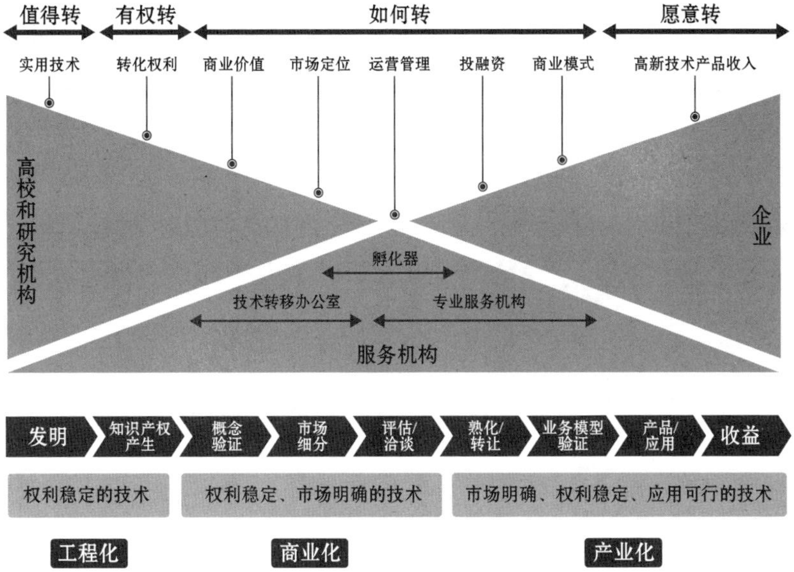

图5.5　技术转移体系建设的基本架构

成果转化合作上面临资源、流程、团队、科学方法、目标管理、人际关系六个方面的挑战：在资源方面，可用的人力、财力以及组织资源成为瓶颈；在流程方面，"文书工作"、内部审批流程、审查和合同谈判等流程的复杂性阻碍了活动的展开；在团队方面，沟通频率和质量、任务协调和知识交换成为难题；在科学方法方面，科学方法论问题及数据解释的困难成为挑战；在目标管理方面，项目成员间不同的期望和目标成为挑战；在人际关系方面，对合作伙伴缺乏信任，单个项目成员缺乏承诺以及人际冲突等有关问题成为挑战。

针对上述问题，以下具体的运营策略或可有助于解决问题：在资源上，对项目的合理评估和管理，从而将有限资源分配到优势项目中；在协调上，利用定期更新，经常协调任务，公开讨论分歧等方法为成功提供杠杆；在团队上，适应不同阶段的需求，及时调整团队成员组织；在人际关系上，通过组织增强人员间的熟悉感，并由领导者作为外部协作作为本组织内的关键优先项，对项目成功予以激励；在科学方法和目标管理上，面对前端的市场需求开发和后端的成果产业化，利用复合型人才的储备以及细分领域的专业体系来解决问题。

第六章　结　论

一、研究结论

本书通过对相关研究文献的学术史梳理，回顾了科技创新集聚区的发展历程、功能演化路径、创新系统的基本构成、创新网络的基本特征；通过对国内外科技创新集聚区运营模式的发展趋势和典型案例的比较研究，重点探讨了我国及上海科技创新集聚区各发展阶段的运营模式发展特征与发展趋势。

本书通过政策梳理、数据分析和实地调研，分析了当前上海科技创新集聚区发展实践的六个方面，即深化改革释放科研机构转化动能，发挥功能型平台集成效应加速技术转移转化，建设创新创业集聚区、科技成果转移转化示范区，以需求为导向激发科技企业创新活力，区域协同打造成果转化共同体，推进"双向"国际技术转移合作；重点研究了上海科技创新集聚区运营模式的两个最典型案例，即张江模式和杨浦模式；探讨了上海科技创新集聚区的运营经验，主要包括四个方面，即高校院所的创新机制运营探索，大企业和园区的开放式创新运营探索，市场化机构打造的特色专业化服务模式，新模式、新载体驱动的跨境技术交易。

本书通过采用实地走访、座谈会等多种调研形式，结合数据分析，认为当前上海科技创新集聚区在运营中面临的瓶颈问题主要包括以下四个方面：一是营商环境有待改进，包括行政审批改革应聚焦企业痛点领域、仍需加强主动服务企业的意识、市场准入仍存在"隐形门槛"、亟须大力发展全链条知识产权服务；二是企业经营负担较重，包括成本瓶颈亟须突破、税费减免尚有空间、中介机构和垄断性项目收费仍然偏高；三是企业融资环境有待改善，包括政府的纾困措施对于解决企业融资问题的作用有限、金融资本在科创领域开始呈现头部效应、风险投资是上海高成长性民营科创企业的融资环境短板；四是上海的人才优势面临挑战，包括以住房问题为代表的综合生活成本较高、相关人才政策宣传和落实有待加强、限制科技创新人才发展的制度性瓶颈亟待突破。

21世纪，全球城市都在关心如何最大程度地改善创新环境和创新生态，从而提升其创新主体的创新能力。本书结合美国、意大利、德国等欧美国家创新体系建设的经验，提出三条促进上海科技创新集聚区功能提升的政策建议：一是探索四螺旋运营模式，营造智慧园区；二是培育、引进孵化专家，打造科技企业加速器；三是培育自主可控的创新生态系统和技术转移体系。

综上所述，本书的学术价值主要体现在以下两个方面：首先，基于理论研究和比较研究，通过对国内外科技创新集聚区运营模式的比较研究，探讨了上海科技创新集聚区运营模式的特色与瓶颈。现有文献资料未能给予其足够的关注，因而对其展开研究和探讨、提出规制之策，是对现有文献资料的一个有益补充。再者，上海的科技创新集聚区在其发展进程中有着鲜明的"上海特色"，中央政府、上海市政府给予了了上海的高新技术产业开发区、自主创新示范区等科技创新集聚区诸多政策优惠，本课题基于中国的制度特色，以上海的案例来丰富整体研究成果，通过对上海科技创新集聚区的深入研究，探索上海特色运营模式的理论依据。

同时，本书也具有一定的应用价值，通过对上海全球科创中心建设中科技创新集聚区运营模式的研究，进一步完善了上海全球科创中心建设的优势与特色研究。本书通过深入探讨和挖掘上海科创中心建设之路中科技创新集聚区运营的"上海模式"，找出了上海科技创新集聚区在实际运营中面临的具体挑战，提出了促进上海科技创新集聚区自主创新能力提升的应对之策，希望可为上海科技创新集聚区今后的和谐发展提供有效引导、为中国自主创新发展战略的有效实施提供借鉴。

二、研究启示与展望

随着云计算、大数据、物联网、人工智能、区块链和移动互联网等信息技术的迅速发展与广泛普及，全球经济正加速向以信息网络为重要载体的数字经济进行转变。

从数字经济时代我国科技创新集聚区的运营现状来看，数字化转型是关键也是难点，主要体现在以下三个方面：一是数字化转型的服务支撑能力有待加强。工业互联网基础体系尚有待完善，核心平台、核心工业软硬件、工业云和大数据平台、系统解决方案供给能力、信息安全等领域均有待全面提升。二是信息资源融合利用和公共数据开放共享水平不充分，企业间数据的交换、融合尚在初始阶段。三是企业数字化转型能力不足。越来越多的大中型企业，在企业内或社会性风险投资支持的基础上，将数字化创新业务放置于公司体制外进行开发和孵化，从而降低传统体制机制的藩篱。但是，中小企业还普遍存在数字化转型顾虑多拍板难、推动数字化技改形成合力难、技改投入能力弱、技改后数字化生产线维护难等问题。大部分企业在研发设计协同化、生产过程智能化、能源管控集成化、服务模式延展化和个性化定制这五个方向为重点的数字化转型方面尚处于较低水平。

然而，数字经济不是数字的经济，是融合的经济，实体经济是落脚点，高质量发展是总要求。因此，从研究内容来看，未来可结合数字经济发展，以现有研究为基础，综合科技创新与产业创新、数字经济与数字创新、路径优化与政策优化，进行系统研究和探讨。

当前，随着数字经济和平台经济的快速发展，中国科技创新集聚区种类日益增多，但相关的统计数据尚较为缺乏。因此，从研究方法来看，本书主要侧重于理论研究和案例分析，随着相关统计数据的逐年增多，在今后的跟踪研究中，可以考虑引入空间计量方法，进行计量经济学方面的定量研究。

参考文献

［1］蔡铂、聂鸣：《社会网络对产业集群技术创新的影响》，《科学学与科学技术管理》2003 年第 7 期。

［2］陈耀：《推动国家级开发区转型升级创新发展的几点思考》，《区域经济评论》2017 年第 2 期。

［3］陈莉平、黄海云：《区域创新网络的运行模型及其运行过程研究》，《福州大学学报》(哲学社会科学版) 2007 年第 4 期。

［4］陈晓红、解海涛：《基于"四主体动态模型"的中小企业协同创新体系研究》，《科学学与科学技术管理》2006 年第 8 期。

［5］傅首清：《区域创新网络与科技产业生态环境互动机制研究——以中关村海淀科技园区为例》，《管理世界》2010 年第 6 期。

［6］盖文启：《创新网络——区域经济发展新思维》，北京大学出版社 2002 年版。

［7］盖文启、王缉慈：《论区域的技术创新模型及其创新网络：以北京中关村地区为例》，《北京大学学报》(哲学社会科学版) 1999

年第 5 期。

［8］胡树华、王松、邓恒进：《基于"四三结构"模型的国家自主创新示范区建设研究——以武汉东湖国家自主创新示范区为例》，《科技进步与对策》2011 年第 5 期。

［9］胡志坚：《国家创新系统——理论分析与国际比较》，社会科学文献出版社 2000 年版。

［10］何郁冰：《产学研协同创新的理论模式》，《科学学研究》2012 年第 2 期。

［11］蒋兴华、万庆良、邓飞其、陈炤：《区域产业技术自主创新体系构建及运行机制分析》，《研究与发展管理》2008 年第 2 期。

［12］龙志和、张馨之：《空间集聚、区域外溢与俱乐部收敛——基于省级和地级区划的比较研究》，中国经济学 2007 年年会会议论文。

［13］刘洋、董久钰、魏江：《数字创新管理：理论框架与未来研究》，《管理世界》2020 年第 7 期。

［14］刘友金：《中小企业集群式创新研究》，哈尔滨工程大学 2002 年博士学位论文。

［15］李玉琼、朱秀英：《丰田汽车生态系统创新共生战略实证研究》，《管理评论》2007 年第 6 期。

［16］罗珊：《国外科技基础条件平台建设的经验启示与借鉴》，《科技管理研究》2009 年第 8 期。

［17］马永红、王展昭：《区域创新系统与区域主导产业互动的

机理及绩效评价研究》,《软科学》2014 年第 5 期。

［18］裴长洪、倪江飞、李越:《数字经济的政治经济学分析》,《财贸经济》2018 年第 9 期。

［19］仇保兴:《小企业集群研究》,复旦大学出版社 1999 年版。

［20］任胜钢、关涛:《区域创新系统内涵、研究框架探讨》,《软科学》2006 年第 4 期。

［21］谭清美:《区域创新系统的结构与功能研究》,《科技进步与对策》2002 年第 8 期。

［22］唐丽艳、王国红、张秋艳:《科技型中小企业与科技中介协同创新网络的构建》,《科技进步与对策》2009 年第 20 期。

［23］王琳、曾刚:《浦东新区中小高新技术企业创新合作网络构成特征研究》,《地域研究与开发》2006 年第 2 期。

［24］王辑慈:《创新的空间——企业集群与区域发展》,北京大学出版社 2001 年版。

［25］王辑慈、盖文启:《论区域创新网络对我国高新技术中小企业发展的作用》,《中国软科学》1999 年第 9 期。

［26］王松、胡树华:《我国国家高新区马太效应研究——兼议国家自主创新示范区的空间布局》,《中国软科学》2011 年第 3 期。

［27］王子龙、谭清美:《区域创新网络知识溢出效应研究》,《科学管理研究》2004 年第 5 期。

［28］魏江:《小企业集群创新网络的知识溢出效应分析》,《科研管理》2003 年第 4 期。

［29］吴敬琏:《发展中国高新技术产业——制度重于技术》,中国发展出版社 2003 年版。

［30］吴玉鸣:《中国区域研发、知识溢出与创新的空间计量经济研究》,人民出版社 2007 年版。

［31］吴悦、顾新:《产学研协同创新的知识协同过程研究》,《中国科技论坛》2012 年第 10 期。

［32］解佳龙、胡树华:《国家自主创新示范求甄选体系设计与应用》,《中国软科学》2013 年第 8 期。

［33］邢小强、周平录、张竹、汤新慧:《数字技术、BOP 商业模式创新与包容性市场构建》,《管理世界》2019 年第 12 期。

［34］熊曦、魏晓:《国家自主创新示范区的创新能力评价——以我国 10 个国家自主创新示范区为例》,《经济地理》2016 年第 1 期。

［35］余江、孟庆时、张越、张兮、陈凤:《数字创新:创新研究新视角的探索及启示》,《科学学研究》2017 年第 7 期。

［36］张鹏:《数字经济的本质及其发展逻辑》,《经济学家》2019 年第 2 期。

［37］张二震、戴翔:《论开发区从产业集聚区向创新集聚区的转型》,《现代经济探讨》2017 年第 9 期。

［38］张晓平、刘卫东:《开发区与我国城市空间结构演进及其动力机制》,《地理科学》2003 年第 4 期。

［39］张克俊:《国家高新区提高自主创新能力建设创新型园区研究——基于 C-I-H 耦合互动框架》,西南财经大学 2010 年博士学

位论文。

　［40］张艳:《我国国家级开发区的实践及转型——政策视角的研究》,同济大学 2008 年博士学位论文。

　［41］郑江淮、高彦彦、胡小文:《企业"扎堆"、技术升级与经济绩效——开发区集聚效应的实证分析》,《经济研究》2008 年第 5 期。

　［42］郑刚、朱凌、金珺:《全面协同创新:一个五阶段全面协同过程模型——基于海尔集团的案例研究》,《管理工程学报》2008 年第 2 期。

　［43］Agrawal, A., "Innovation, Growth Theory and the Role of Knowledge Spillovers", *Innovation Analysis Bulletin*, 2002, Vol. 4, No. 3.

　［44］Alessandro B., "Networking System and Innovation Outputs: The Role of Science and Technology Parks". *International Journal of Business and Management*, 2011, No. 5.

　［45］Audretsch, D. B., Feldman, M. P., "R&D Spillovers and the Geography of Innovation and Production", *American Economic Review*, 1996, Vol. 86.

　［46］Augustsson, N. P., Nilsson, A., Holmstrom, J. and Mathiassen, L. "Managing Digital Infrastructures: Negotiating Control and Drift In Service Provisioning", *International Journal of Business Information Systems*, 2019, Vol. 30, No. 1.

　［47］Beers, C., Zand, F. "R&D Cooperation, Partner Diversity, and

Innovation Performance: An Empirical Analysis", *Journal of Product Innovation Management*, 2014, Vol. 31, No. 2.

[48] Bode, E., "The Spatial Pattern of Localized R&D Spillovers: An Empirical Investigation for Germany", *Journal of Economic Geography*, 2004, Vol. 4.

[49] Brown, S., Seely, J., Duguid, P., *The Social Life of Information*, Harvard Business School Press, 2005.

[50] Capaldo, A., "Network Structure and Innovation: the Leveraging of Adual Network as a Distinctive Relational Capability", *Strategic Management Journal*, 2007, Vol. 28.

[51] Cassar, A., Nicolini, R., "Spillovers and Growth in a local Interaction Model", *Annual of Regional Science*, 2008, Vol. 42.

[52] Chih-Hai Yang, Kazuyuki Motohashi, Jong-Rong Chen, "Are New Technology-based Firms Located on Science Parks Really More Innovative? Evidence from Taiwan", *Research Policy*, 2008, Vol. 38.

[53] Cooke, P., Morgan, K., *The Associational Economy*, Oxford University Press, 1998.

[54] Cooke, P., *Regional Innovation Systems as Public Goods*, UNIDO Strategic Research and Economics Branch Report, 2006.

[55] Donald, S., Siegel, Paul Westhead, Mike Wright, "Assessing the Impact of University Science Parks on Research Productivity: Exploratory Firm-level Evidence from the United Kingdom",

International Journal of Industrial Organization, 2003, Vol. 21.

〔56〕Dosi, G., "Sources, Procedures and Microeconomic Effects of Innovation", *Journal of Economic Literature*, 1988, Vol. 26.

〔57〕Eom B-Y, Lee K. "Determinants of industry-academy linkages and their impact on firm performance: The case of Korea as a latecomer in knowledge industrialization", *Research Policy*, 2010, Vol. 39, No. 5.

〔58〕Feldman, M. P., *Location and Innovation*: *The New Economic Geography of Innovation, Spillovers, and Agglomeration*, in Clark, G., Feldman, M. and Gertler, M.(eds.) , Oxford Handbook of Economic Geography, Oxford University Press, 2000.

〔59〕Freeman, C., "Networks of Innovators: A Synthesis of Research Issues", *Research Policy*, 1991, Vol. 20.

〔60〕Henderson, J. V., "Marshall's Scale Economies", *Journal of Urban Economics*, 2003, Vol. 53.

〔61〕Lim, U., "The Spatial Distribution of Innovative Activity in U. S. Metropolitan Areas: Evidence from Patent Data", *Journal of Regional Analysis and Policy,* 2003, Vol. 33, No. 2.

〔62〕Malecki, E. J., *Technology and Economic Development*: *the Dynamic of Local, Regional and National Competitiveness*, Addison Wesley Longman Limited, 1997.

〔63〕Morgan, K., "The Learning Region: Institutions, Innovation and Regional Renewal", *Regional Studies*, 1997, Vol. 31.

［64］Nobuya Fukugawa, "Science Parks in Japan and Their Value-added Contributions to New Technology-based Firms", *International Journal of Industrial Organization*, 2006, Vol. 24.

［65］OECD, *Innovation Clusters: Drives of National Innovation Systems*, 2001, OECD Proceedings.

［66］Peri, G., "Determinants of Knowledge Flows and Their Effects on Innovation", *Review of Economics and Statistics*, 2005, Vol. 87, No. 2.

［67］Petruzzelli A.M., "The impact of technological relatedness, prior ties, and geographical distance on university-industry collaborations: A joint-patent analysis", *Technovation*, 2011, Vol. 31, No. 7.

［68］Porter, M., "Clusters and the New Economics of Competition", *Harvard Business Review*, 1998, Vol. 76, No. 6.

［69］Rick Aalbers, Wilfred Dolfsma, Otto Koppius, "Individual Connectedness in Innovation Networks: on the Role of Individual Motivation", *Research Policy*, 2013, Vol. 42.

［70］Susan, M. W., "Chinese Industrial and Science Parks: Bridging the Gap", *The Professional Geography*, 2002, Vol. 54.

［71］Su Ann Mae Phillips, Henry Wai chung Yeung. "A Place for R&D? The Singapore Science Park", *Urban Studies*, 2003, Vol. 40, No. 4.

［72］Wolfe, Gertler, "Clusters from the Inside and Out: Local Dynamics and Global Linkages", *Urban Studies*. 2004, Vol. 41.

后　记

　　这是我独立著作的第二本书，所以我想感谢过去所有对本书内容有贡献的人。为了不让这篇后记的篇幅过长，我只能选出其中一小部分，如果我无意中没有将您包含在内，希望您能了解我对给予本书及本人帮助与关怀的所有人均心怀感激。

　　随着数字经济的快速发展，创新已经成为经济发展的必要条件。创新需要投入一定的资源，但资源总是有限的。因此，在创新与资源之间、想法与执行之间始终存在着矛盾，从而导致很多创新并未获得有效的执行。若要让创新真正能够起到区域经济发展的推动作用，则离不开对科技创新集聚区的运营管理，继而建立起持续创新的机制和文化。科技创新集聚区的设立主要是为了汇聚创新要素，通过对创新资源的整合与共享，促进科创企业间的协同创新，增强知识溢出效应，降低企业创新风险，提升科技创新效率，激发区域创新活力。而运营模式正是保证科技创新集聚区充分发挥作用的关键，因为只有将创新纳入有效的运营管理规划中，遵循明确的指导原则和方法论，进行持续不断的系统化创新，才能长久地保持园区及企业的竞争优势。而这正是本书想要探讨的核心，即"科技创新集聚区的运营模式"。

科技创新集聚区是上海提升科技创新策源能力的重要抓手，也是促进科技与经济更好结合的关键区域，在上海全球科创中心建设、科技创新发展和新兴产业布局中，都有着非常重要的角色定位。本书旨在通过对上海全球科创中心建设中科技创新集聚区运营模式的研究，完善上海全球科创中心建设的优势与特色研究；通过对国内外科技创新集聚区运营模式的案例分析和比较研究，深入探讨和挖掘上海科创中心建设之路中科技创新集聚区运营的"上海模式"，探讨上海科技创新集聚区运营模式的优势与短板，提出针对性的对策建议，为上海科技创新集聚区今后的和谐发展和中国自主创新发展战略的实施提供参考意见。

本书出版过程中，感谢中共上海市委党校（上海行政学院）资助，感谢韩要武、崔鑫、崔晓凤在本书写作过程中的协助工作和为此奉献的宝贵时间，如果没有他们，我可能没有动力和时间完成这本书。

我很高兴终于完成了这本书，向阅读本书的每一位读者致以最真诚的感谢！

作者
2021 年 8 月

图书在版编目(CIP)数据

上海科技创新集聚区运营模式研究/崔晓露著.—
上海:上海人民出版社,2021
ISBN 978-7-208-17387-3

Ⅰ.①上⋯　Ⅱ.①崔⋯　Ⅲ.①科技中心-运营管理-
研究-上海　Ⅳ.①G322.751

中国版本图书馆 CIP 数据核字(2021)第 208562 号

责任编辑　吕桂萍
封面设计　汪　昊

上海科技创新集聚区运营模式研究
崔晓露　著

出　　版　上海人民出版社
　　　　　　(201101　上海市闵行区号景路 159 弄 C 座)
发　　行　上海人民出版社发行中心
印　　刷　常熟市新骅印刷有限公司
开　　本　720×1000　1/16
印　　张　13
插　　页　2
字　　数　127,000
版　　次　2021 年 11 月第 1 版
印　　次　2021 年 11 月第 1 次印刷
ISBN 978-7-208-17387-3/F・2709
定　　价　58.00 元